상위권 도약을 위한
길라잡이

왕수학

실력편

대한민국 수학학력평가의 새로운 기준!!

KMA
한국수학학력평가

| **시험일자** 상반기 | 매년 6월 셋째주
　　　　　　 하반기 | 매년 11월 셋째주

| **응시대상** 초등 1년 ~ 중등 3년 (미취학생 및 상급학년 응시 가능)

| **응시방법** KMA 홈페이지 접수 또는 각 지역별 학원접수처 방문 접수
성적우수자 특전 및 시상 내역 등 기타 자세한 사항은 KMA 홈페이지를 참조하세요.

홈페이지 바로가기
(www.kma-e.com)

▶ 본 평가는 100% 오프라인 평가입니다.

주최 | 한국수학학력평가연구원　　　　주관 | ✔ (주)에듀왕

왕수학

실력편

5-1

구성과 특징

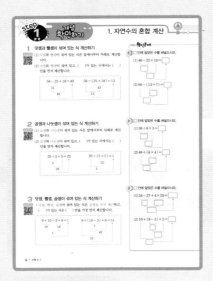

step ① 개념 확인하기

교과서의 내용을 정리하고 이와 관련된 간단한
확인문제로 개념을 이해하도록 하였습니다.

출발!

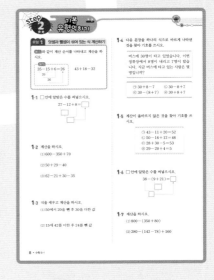

step ② 기본 유형 익히기

교과서와 익힘책 수준의 문제를 유형별로
풀어 보면서 기초를 튼튼히 다질 수 있도
록 하였습니다.

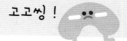

고고씽!

step ③ 기본 유형 다지기

학교 시험에 잘 나오는 문제들과 신경향문제를
해결하면서 자신감을 갖도록 하였습니다.

step ④ 응용 실력 기르기

기본 유형 다지기보다 좀 더 수준 높은 문제로 구성하여 실력을 기를 수 있게 하였습니다.

서둘러!

step ⑤ 응용 실력 높이기

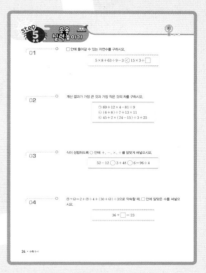

다소 난이도 높은 문제로 구성하여 논리적 사고력과 응용력을 기르고 실력을 한 단계 높일 수 있도록 하였습니다.

어서와!

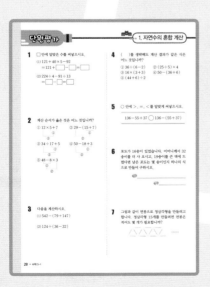

단원평가

서술형 문제를 포함한 한 단원을 마무리하면서 자신의 실력을 종합적으로 확인할 수 있도록 하였습니다.

도착!

차례

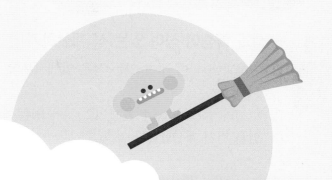

1 자연수의 혼합 계산

1 덧셈과 뺄셈이 섞여 있는 식 계산하기

(1) 덧셈과 뺄셈이 섞여 있는 식은 앞에서부터 차례로 계산합니다.

(2) 덧셈과 뺄셈이 섞여 있고, (　　)가 있는 식에서는 (　　) 안을 먼저 계산합니다.

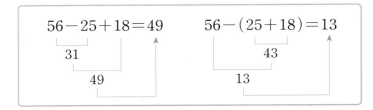

$$56-25+18=49 \qquad 56-(25+18)=13$$

2 곱셈과 나눗셈이 섞여 있는 식 계산하기

(1) 곱셈과 나눗셈이 섞여 있는 식은 앞에서부터 차례로 계산합니다.

(2) 곱셈과 나눗셈이 섞여 있고, (　　)가 있는 식에서는 (　　) 안을 먼저 계산합니다.

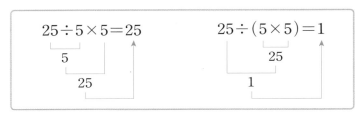

$$25\div5\times5=25 \qquad 25\div(5\times5)=1$$

3 덧셈, 뺄셈, 곱셈이 섞여 있는 식 계산하기

• 덧셈, 뺄셈, 곱셈이 섞여 있는 식은 곱셈을 먼저 계산하고, (　　)가 있는 식은 (　　) 안을 가장 먼저 계산합니다.

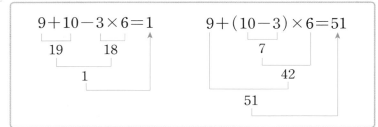

$$9+10-3\times6=1 \qquad 9+(10-3)\times6=51$$

확인문제

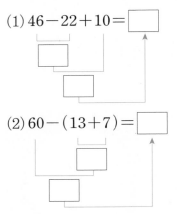

1 □ 안에 알맞은 수를 써넣으시오.

(1) $46-22+10=\boxed{}$

(2) $60-(13+7)=\boxed{}$

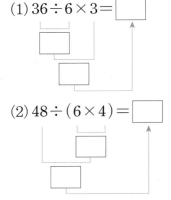

2 □ 안에 알맞은 수를 써넣으시오.

(1) $36\div6\times3=\boxed{}$

(2) $48\div(6\times4)=\boxed{}$

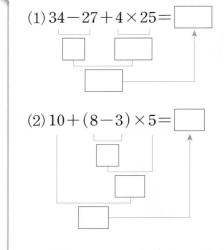

3 □ 안에 알맞은 수를 써넣으시오.

(1) $34-27+4\times25=\boxed{}$

(2) $10+(8-3)\times5=\boxed{}$

4 덧셈, 뺄셈, 나눗셈이 섞여 있는 식 계산하기

- 덧셈, 뺄셈, 나눗셈이 섞여 있는 식은 나눗셈을 먼저 계산하고, ( )가 있으면 ( ) 안을 가장 먼저 계산합니다.

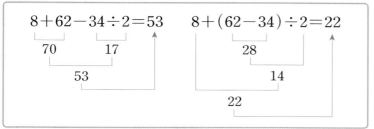

5 덧셈, 뺄셈, 곱셈, 나눗셈이 섞여 있는 식 계산하기

- 덧셈, 뺄셈, 곱셈, 나눗셈이 섞여 있는 식은 곱셈과 나눗셈을 먼저 계산하고, ( )가 있으면 ( ) 안을 가장 먼저 계산합니다.

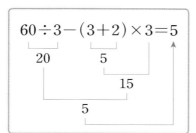

6 계산기를 이용하여 계산하기

계산기에는 계산 결과를 저장하여 기억하는 메모리 기능이 있습니다. 메모리 기능을 이용하면 덧셈, 뺄셈, 곱셈, 나눗셈이 섞여 있는 식을 쉽게 계산할 수 있습니다.
- MC: 메모리를 지웁니다.
- M+: 메모리에 저장된 값에서 새로 입력된 값을 더합니다.
- M−: 메모리에 저장된 값에서 새로 입력된 값을 뺍니다.
- MR: 메모리에 저장된 값을 불러옵니다.

㉾ 메모리 기능을 이용해 $24-4\times2+15\div5$ 계산하기
① 24를 입력한 후 M+ 버튼을 누릅니다.
② 4×2를 입력한 후 M− 버튼을 누릅니다.
③ $15\div5$를 입력한 후 M+ 버튼을 누릅니다.
④ MR 버튼을 누르면 계산 결과는 19입니다.

2	4	M+	4	×	2	M−	1	5	÷	5	M+	MR

- GT: 계산 순서들이 ×, ÷, +만으로 계산하는 경우 사용
  ㉾ $3\times4+15\div3+4\times7$의 경우
  $3\times4=15\div3=4\times7=$를 누르고 GT를 누르면 총합인 45가 나옵니다.
- 같은 연산을 반복하여 계산할 경우 등호(=)버튼을 연속으로 눌러서 계산합니다.
  ㉾ $30+20+20+20$을 계산할 경우
  $30+20===$을 누르면 90이 나옵니다.

확인문제

4 □ 안에 알맞은 수를 써넣으시오.

(1) $5+30-50\div2=$ □

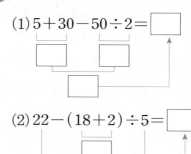

(2) $22-(18+2)\div5=$ □

5 계산 순서에 맞게 기호를 차례대로 써 보시오.

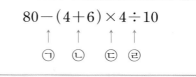

$$80-(4+6)\times4\div10$$
$$\quad\uparrow\qquad\uparrow\qquad\uparrow\qquad\uparrow$$
$$\quad㉠\qquad㉡\qquad㉢\qquad㉣$$

6 계산을 하시오.

(1) $40\div2-3\times2+8$

(2) $64\div(3+1)-2\times7$

7 $36\div2-5\times2+9\div3$을 계산기의 메모리 기능을 이용하여 식을 계산할 때 버튼 입력 순서를 써 보시오.

8 $15\div3+19\times2+20\div2$를 계산기를 사용하여 계산할 때 버튼 입력 순서를 써 보시오.

유형 1 덧셈과 뺄셈이 섞여 있는 식 계산하기

보기와 같이 계산 순서를 나타내고 계산을 하시오.

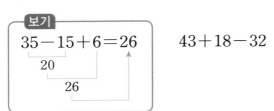

$43+18-32$

1-1 □ 안에 알맞은 수를 써넣으시오.

$27-12+8=\boxed{}$

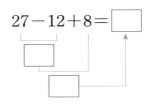

1-2 계산을 하시오.

(1) $600-350+70$

(2) $50+29-40$

(3) $62-21+30-35$

1-3 식을 세우고 계산을 하시오.

(1) 50에서 20을 뺀 후 30을 더한 값

(2) 15에 42를 더한 후 24를 뺀 값

1-4 다음 문장을 하나의 식으로 바르게 나타낸 것을 찾아 기호를 쓰시오.

버스에 30명이 타고 있었습니다. 이번 정류장에서 8명이 내리고 7명이 탔습니다. 지금 버스에 타고 있는 사람은 몇 명입니까?

㉠ $30+8-7$	㉡ $30-8+7$
㉢ $30-(8+7)$	㉣ $30+8+7$

1-5 계산이 올바르지 않은 것을 찾아 기호를 쓰시오.

㉠ $43-11+20=52$
㉡ $50-16+12=46$
㉢ $28+30-5=53$
㉣ $29-20+4=5$

1-6 □ 안에 알맞은 수를 써넣으시오.

$38-(9+21)=\boxed{}$

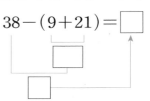

1-7 계산을 하시오.

(1) $800-(350+80)$

(2) $280-(142-78)+160$

1단원

1-8 식을 세우고 계산을 하시오.

(1) 65에서 46과 19의 합을 뺀 값

(2) 80에서 23과 14의 합을 뺀 값

1-9 예슬이는 문구점에서 750원짜리 공책 1권과 400원짜리 지우개 1개를 사고 2000원을 냈습니다. 거스름돈은 얼마인지 하나의 식으로 만들어 구하시오.

식 _____

답 _____

1-10 계산 결과를 비교하여 ○ 안에 >, <를 알맞게 써넣으시오.

(1) 40−(5+7) ◯ 40−5+7

(2) 28−8+6 ◯ 28−(8+6)

1-11 계산 결과가 가장 큰 것부터 차례대로 기호를 쓰시오.

ㄱ 66−25+8 ㄴ 51+9−19
ㄷ 70−(6+9) ㄹ 68−(5+9)

유형 2 곱셈과 나눗셈이 섞여 있는 식 계산하기

보기와 같이 계산 순서를 나타내고 계산을 하시오.

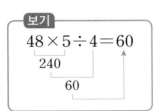

보기
$48 \times 5 \div 4 = 60$
240
60

$72 \div 9 \times 7$

2-1 □ 안에 알맞은 수를 써넣으시오.

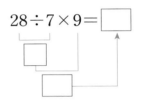

$28 \div 7 \times 9 = \boxed{}$

2-2 계산을 하시오.

(1) $15 \times 4 \div 20$

(2) $22 \times 5 \div 11$

(3) $88 \div 4 \times 6$

(4) $56 \div 7 \times 9$

2-3 식을 세우고 계산을 하시오.

(1) 70을 5로 나눈 몫에 7을 곱한 값

(2) 18에 6을 곱한 후 9로 나눈 값

2-4 계산 결과가 가장 작은 것을 찾아 기호를 쓰시오.

> ㉠ $5 \times 20 \div 4$
> ㉡ $84 \div 6 \times 2$
> ㉢ $70 \div 7 \times 3$

2-5 가영이는 과자를 한 판에 20개씩 3판 구워 남는 것 없이 5상자에 똑같이 나누어 담았습니다. 한 상자에 들어 있는 과자는 몇 개인지 하나의 식으로 만들어 구하시오.

식 _____

답 _____

2-6 와 같이 계산 순서를 나타내고 계산을 하시오.

> 보기
>

(1) $96 \div (8 \times 2)$

(2) $84 \div (4 \times 3)$

2-7 계산을 하시오.

(1) $66 \div (3 \times 2)$

(2) $48 \div (2 \times 4)$

(3) $12 \times (20 \div 5)$

(4) $15 \times (36 \div 6)$

2-8 주어진 두 식을 보고 물음에 답하시오.

> ㉠ $88 \div 2 \times 4$ ㉡ $88 \div (2 \times 4)$

(1) ㉠과 ㉡의 계산 결과를 각각 구하시오.

(2) 위 (1)과 같은 계산 결과가 나온 이유를 이야기해 보시오.

_____

_____

_____

_____

2-9 한 사람이 한 시간에 종이학을 12개씩 만들 수 있다고 합니다. 4명이 종이학 240개를 만들려면 몇 시간이 걸리는지 하나의 식으로 만들어 구하시오.

식 _____

답 _____

유형 3 덧셈, 뺄셈, 곱셈이 섞여 있는 식 계산하기

보기와 같이 계산 순서를 나타내고 계산을 하시오.

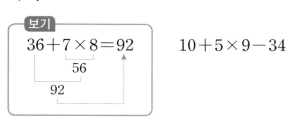

보기
$$36+7\times8=92$$

$$10+5\times9-34$$

3-1 가장 먼저 계산해야 할 곳은 어디인지 기호를 쓰시오.

(1) $42-9+5\times6$

　　㉠　㉡　㉢

(2) $11+3\times(20-7)$

　　㉠　㉡　　㉢

3-2 계산이 올바르지 <u>않은</u> 것을 찾아 기호를 쓰시오.

　㉠ $5\times2+20-7=23$
　㉡ $59-9\times3+10=160$
　㉢ $43+7\times2-15=42$

3-3 계산 결과를 비교하여 ○ 안에 >, =, <를 알맞게 써넣으시오.

$$38-5\times6+8 \bigcirc (38-5)\times6+8$$

3-4 보기와 같이 계산 순서를 나타내고 계산해 보시오.

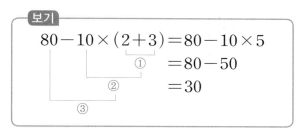

보기
$$80-10\times(2+3)=80-10\times5$$
$$=80-50$$
$$=30$$

(1) $65-(4+5)\times7$

(2) $9\times(6+12)-8$

3-5 계산을 하시오.

(1) $82-72+11\times4$

(2) $(130-13)\times2+3\times8$

3-6 식을 세우고 계산을 하시오.

(1) 60에서 8을 뺀 값과 3을 5배 한 값의 합

(2) 60에서 8과 3의 합을 5배 한 수를 뺀 값

3-7 밤이 50개 있습니다. 남학생 2명과 여학생 3명이 각각 8개씩 먹었습니다. 남은 밤은 몇 개인지 하나의 식으로 만들어 구하시오.

식 _____

답 _____

유형 4 덧셈, 뺄셈, 나눗셈이 섞여 있는 식 계산하기

가장 먼저 계산해야 할 곳은 어디인지 기호를 쓰시오.

$$27-24 \div 6+2$$

ㄱ　ㄴ　ㄷ

4-1 보기 와 같이 계산 순서를 나타내고 계산해 보시오.

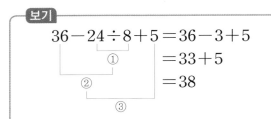

(1) $73-56 \div 7+9$

(2) $56+(30-12) \div 6$

(3) $45 \div (9-4)+15$

(4) $80+40 \div (11-7)$

4-2 계산 결과를 비교하여 ○ 안에 >, =, < 를 알맞게 써넣으시오.

(1) $15+21-18 \div 3$ ○
　　　　$15+(21-18) \div 3$

(2) $(50-25) \div 5+5$ ○
　　　　$50-25 \div 5+5$

4-3 계산을 하시오.

(1) $(36+81) \div 9-7$

(2) $65 \div 13+18-60 \div 15$

4-4 식을 세우고 계산을 하시오.

(1) 40에서 32와 8의 차를 6으로 나눈 몫을 뺀 값

(2) 48을 6으로 나눈 몫과 32를 8로 나눈 몫의 차

4-5 계산 결과가 가장 작은 것을 찾아 기호를 쓰시오.

ㄱ $30-84 \div (26+16)$
ㄴ $72 \div 12+60 \div 6$
ㄷ $(26+65) \div 13-2$

4-6 초콜릿 1개는 1200원, 과자 4봉지는 4000원, 사탕 1봉지는 2000원입니다. 초콜릿 1개와 과자 1봉지를 산 값은 사탕 1봉지의 값보다 얼마나 더 비싼지 하나의 식으로 만들어 구하시오.

식 _____

답 _____

유형 5 덧셈, 뺄셈, 곱셈, 나눗셈이 섞여 있는 식 계산하기

□ 안에 알맞은 수를 써넣으시오.

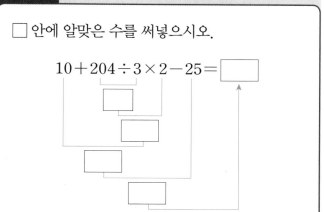

$$10 + 204 \div 3 \times 2 - 25 = \boxed{}$$

5-1 보기와 같이 계산 순서를 나타내고 계산해 보시오.

보기

$$200 \div 4 - 10 + 20 \times 3 = 50 - 10 + 60$$
$$= 40 + 60$$
$$= 100$$

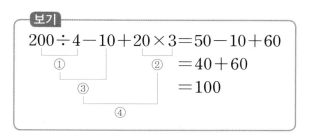

(1) $48 \div 3 - (4 + 2) \times 2$

(2) $30 + 6 \times 8 \div 4 - 15$

(3) $9 + 5 \times (20 - 8) \div 3$

5-2 계산을 하시오.

(1) $13 \times 5 - 57 \div 3 + 18$

(2) $(13 + 3) \times (14 \div 2) - 40$

5-3 식을 세우고 계산을 하시오.

(1) 20에서 10과 4의 곱을 8로 나눈 몫을 뺀 후, 23을 더한 값

(2) 34에 35와 7의 차를 4로 나눈 몫을 더한 후, 17을 뺀 값

5-4 두 식을 하나의 식으로 나타내시오.

$$13 + 12 \times 4 - 8 = 53, \quad 48 \div 6 = 8$$

식 _____

5-5 계산 결과가 더 큰 것을 찾아 기호를 쓰시오.

$\bigcirc$ $125 - (6 + 9) \div 5 \times 31$
$\bigcirc$ $58 - 30 \div 6 \times 5 + 4$

5-6 기념품 900개를 3일 동안 관람객에게 매일 똑같은 수만큼 나누어 주려고 합니다. 첫날 오전에 어른 40명과 학생 68명에게 기념품을 2개씩 나누어 주었습니다. 첫날 오후에 나누어 줄 수 있는 기념품은 몇 개인지 하나의 식으로 만들어 구하시오.

식 _____

답 _____

1 계산이 바른 것에 ○표 하시오.

$95-12+8-27=64$
$22+13×6-19=191$

2 관계있는 것끼리 선으로 이으시오.

$17-(6+8)+27$ ·   · 39

$57-7-(4+7)$ ·   · 24

$15×8÷5$ ·   · 30

3 계산을 하시오.

(1) $15×(20÷4)$

(2) $16×4÷8×7$

4 식을 세우고 계산을 하시오.

(1) 70을 5로 나눈 몫에 7을 곱한 값

(2) 70을 5와 7의 곱으로 나눈 몫

5 빵 60개를 한 바구니에 6개씩 담아서 바구니 하나에 2000원씩 받고 모두 팔았습니다. 빵을 판 돈은 얼마인지 하나의 식으로 만들어 구하시오.

식 _____

답 _____

6 식 $27÷9×4$를 이용하는 문제를 만들고 풀어 보시오.

답 _____

7 가와 나 식의 계산 결과가 같도록 □ 안에 $+$, $-$, $×$, $÷$의 기호를 알맞게 써넣으시오.

가 : $54÷9÷2$ 나 : $54÷(9 \boxed{} 2)$

8 계산을 하시오.

(1) $90-72+12×4$

(2) $(20-13)×2+3×8$

9 식을 세우고 계산을 하시오.

(1) 70에서 8을 뺀 값과 3을 5배 한 값의 합

(2) 70에서 8과 3의 합을 5배 한 값을 뺀 값

10 ○ 안에 >, =, <를 알맞게 써넣으시오.

(1) $67-2\times7$ ◯ $50-6\times4+23$

(2) $16+(58-12)\times2$ ◯ $9\times13-4$

11 계산 결과가 가장 큰 것부터 차례로 기호를 쓰시오.

> ㉠ $(66+6)\times2-134$
> ㉡ $6\times36-11\times8$
> ㉢ $27+144\div12-3$
> ㉣ $81\div3+231\div7$

12 □ 안에 알맞은 수를 써넣으시오.

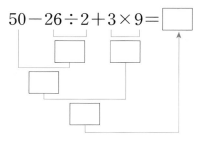

1 단원

★ 보기 와 같이 계산 순서를 나타내고 계산해 보시오. [13~15]

> 보기
>
>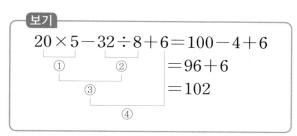

13 $92-60\div4\times2+5$

14 $38+9\times(5-3)\div6$

15 $40\div(6+4)\times5-10$

16 다음 도형은 둘레가 18 cm인 정삼각형 6개를 붙여 놓은 것입니다. 굵은 선의 길이는 몇 cm인지 구하시오.

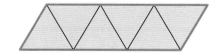

17 동국이네 반 학생은 24명입니다. 체육 시간에 남자 8명, 여자 12명은 제기차기 놀이를 하였고, 나머지 학생은 모두 닭싸움 놀이를 하였습니다. 닭싸움 놀이를 한 동국이네 반 학생은 몇 명인지 하나의 식으로 만들어 구하시오.

18 연필 6타를 4개의 필통에 똑같이 나누어 담으려고 합니다. 필통 1개에 연필을 몇 자루씩 나누어 담으면 되는지 하나의 식으로 만들어 구하시오.

19 다음과 같은 방법으로 계속 점을 찍으면, 15번째에 찍히는 점은 몇 개입니까?

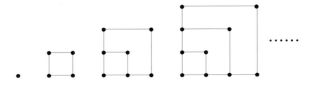

20 다음 식을 계산할 때, 가장 늦게 해야 하는 계산의 기호를 쓰시오.

$$61-27+(22-6)\div2$$

ㄱ   ㄴ   ㄷ   ㄹ

21 계산이 올바르지 <u>않은</u> 것을 찾아 기호를 쓰시오.

㉠ $25-20\div5+9=30$
㉡ $200+16-40\times5=16$
㉢ $80-30\div5\times2+10=30$

22 계산 순서에 맞게 기호를 차례로 써 보시오.

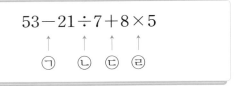

23 온도를 나타내는 단위에는 섭씨($^\circ$C)와 화씨($^\circ$F)가 있습니다. 화씨 온도에서 32를 뺀 수에 10을 곱하고 18로 나누면 섭씨 온도가 됩니다. 현재 기온이 화씨 68도라면 섭씨 몇 도인지 하나의 식으로 만들어 구하시오.

24 계산 과정 중 처음으로 잘못된 곳을 찾아 ○표 하고, 옳게 고쳐 계산해 보시오.

$$30+(42-12)\div3=30+30\div3$$
$$=60\div3$$
$$=20$$

➡ $30+(42-12)\div3$

25 계산 결과를 비교하여 ○ 안에 >, =, < 를 알맞게 써넣으시오.

(1) $23-8 \times 2+4 \bigcirc (23-8) \times 2+4$

(2) $(60-24) \div 6+7 \bigcirc 60-24 \div 6+7$

29 □ 안에 알맞은 수를 써넣으시오.

$$42 \div 6 + \boxed{} + 4 \times 2 = 30$$

26 ㉠과 ㉡의 계산 결과의 차는 얼마인지 구하시오.

㉠ $6+3 \times (20-16) \div 4$
㉡ $6+3 \times 20-16 \div 4$

30 ●에 알맞은 수를 구하시오.

$$(19 + ●) \div 8 - 5 = 4$$

27 □ 안에 기호 $+, -, \times, \div$ 중 알맞은 것을 써넣으시오.

$$30-5 \boxed{} 6 \div 2 + 10 = 25$$

31 어떤 수와 7의 차를 2로 나눈 값은 4와 3의 곱에 5를 더한 값과 같습니다. 어떤 수는 얼마인지 구하시오.

28 다음 중 옳지 <u>않은</u> 것을 찾아 기호를 쓰시오.

㉠ $45+27-9=45+(27-9)$
㉡ $3 \times 12 \div 4+10=3 \times (12 \div 4)+10$
㉢ $72-5 \times 20 \div 4=72-5 \times (20 \div 4)$
㉣ $60-36 \div 2 \times 3=60-36 \div (2 \times 3)$

32 □ 안에 들어갈 수 있는 자연수는 모두 몇 개입니까?

$$50-5 \times 8 \div 4 > \boxed{}$$

33 식이 성립하도록 ＋, －, ×, ÷ 중에서 □ 안에 알맞은 기호를 써넣으시오.

$$8 \;\square\; 45 \;\square\; 5 - 7 = 10$$

34 식이 성립하도록 알맞은 곳에 ( ) 표시를 하시오.

$$42 - 3 \times 5 + 7 \div 4 = 33$$

35 ( )가 없어도 계산 결과가 같은 식은 어느 것입니까?

① $12 \times (4+5)$ ② $(35-14) \div 7$
③ $26 - (11+3)$ ④ $(47+7) \times 8$
⑤ $(22 \times 6) \div 2$

36 □ 안에 알맞은 수를 써넣으시오.

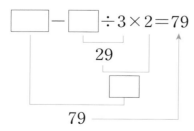

$$\square - \square \div 3 \times 2 = 79$$

29

79

37 동민이는 5000원을 가지고 문방구에 가서 한 자루에 180원짜리 연필 2타와 한 권에 300원짜리 공책 3권과 한 개에 150원짜리 지우개 2개를 사려고 하니 돈이 모자랐습니다. 얼마를 더 내야 합니까?

38 식을 세우고 계산하시오.

32와 18의 차에 64를 8로 나눈 몫의 4배만큼을 더한 값

39 다음과 같이 약속할 때, 5◈(9◈10)을 구하시오.

$$A \diamond B = (A \times B) - (A + B)$$

40 아버지의 연세는 내 나이의 3배보다 5살이 많고, 할아버지의 연세는 내 나이의 6배보다 5살이 적다고 합니다. 할아버지의 연세가 67세일 때, 아버지의 연세는 몇 세입니까?

41 다음에서 어떤 수를 구하시오.

> 34에서 어떤 수를 뺀 후 6배 한 수는 120을 3으로 나눈 몫보다 68이 큽니다.

42 두 식을 계산하여 ○ 안에 >, =, <를 알맞게 써넣으시오.

> $135 - 88 \div 22 + 9$ ○
> $15 + (84 - 32) \div 4 \times 8$

43 식이 성립하도록 알맞은 곳에 ( ) 표시를 하시오.

> $60 - 4 + 6 \times 3 \div 6 = 55$

44 두 식 ㉠과 ㉡의 계산 결과의 합을 구하시오.

> ㉠ $80 - 20 + 4 \times 18 \div 3 + 10$
> ㉡ $63 + (78 - 18) \div 4 - 5 \times 2$

45 카레 3인분을 만들기 위해 10000원으로 필요한 채소를 사고 남은 돈을 구하려고 합니다. 다음을 참고하여 남은 돈은 얼마인지 하나의 식으로 만들어 구하시오.

> • 감자 3인분: 2400원
> • 양파 2인분: 1200원
> • 당근 6인분: 3000원

식 _____

답 _____

46 그림과 같이 찢어진 부분에 적힌 수는 얼마입니까?

> $5 \times 10 - ($ _____ $+ 3) \div 6 = 40$

47 그림과 같이 공깃돌로 정사각형을 만들려고 합니다. 정사각형 15개를 만들려면 공깃돌은 모두 몇 개가 필요한지 규칙을 찾아 설명하시오.

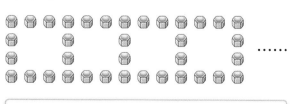

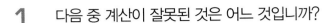

1 다음 중 계산이 잘못된 것은 어느 것입니까?

① $8 + 4 \times 6 - 6 = 26$

② $19 - 12 \div 4 \times 6 = 1$

③ $18 \div 9 + 4 + 5 = 11$

④ $8 - 3 \times 2 + 3 = 13$

⑤ $27 \div 3 \times 2 - 15 = 3$

2 □ 안에 들어갈 수 있는 자연수는 모두 몇 개입니까?

$$36 \div 3 \times 5 > 18 \div 2 \times \square$$

3 다음 식을 만족하는 ㉡을 구하시오.

$$15 + 3 \times (45 - 33) - 9 \div 9 = ㉠$$
$$(16 + ㉠ \times 4) \div 6 + 5 = ㉡$$

4 등식이 성립하도록 알맞은 곳에 모두 ( ) 표시를 하시오.

$$44 - 4 \div 4 + 4 \times 4 = 20$$

5 보기와 같은 방법으로 57☆7을 계산하시오.

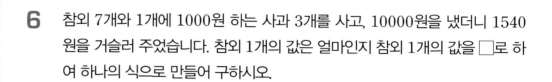

보기

가☆나＝가－나×나＋나

6 참외 7개와 1개에 1000원 하는 사과 3개를 사고, 10000원을 냈더니 1540 원을 거슬러 주었습니다. 참외 1개의 값은 얼마인지 참외 1개의 값을 □로 하 여 하나의 식으로 만들어 구하시오.

 식 _____

답 _____

7 가영이는 어제 3000원을 저금했고 오늘 2000원을 저금했습니다. 동민이는 가영이가 어제와 오늘 저금한 돈의 2배보다 1000원 더 많이 저금했습니다. 동민이는 가영이보다 저금을 얼마나 더 했는지 하나의 식으로 만들어 구하시 오.

 식 _____

답 _____

8 식이 성립하도록 ＋, －, ×, ÷를 ○ 안에 알맞게 써넣으시오.

$$36 \bigcirc (8+4) \times 5 + 5 = 60 \div 3$$

9 숫자 카드 2, 3, 6을 모두 사용하여 다음과 같이 식을 만들려고 합니다. 계산 결과가 가장 클 때와 가장 작을 때는 얼마인지 차례로 구하시오.

$$36 \div (\square \times \square) + \square$$

10 ○ 안에 >, =, <를 알맞게 써넣으시오.

$$27 + 4 \times 18 - (6 + 25 \div 5) \times 2 \bigcirc 60$$

11 □ 안에 알맞은 수를 써넣으시오.

$$340 \div 2 - (15 + \square) \times 4 = 78$$

12 꽃집에서 어제 장미꽃 7송이씩 4묶음과 국화꽃 19송이를 팔았습니다. 오늘은 백합꽃 155송이를 5묶음으로 똑같이 나눈 것 중에서 2묶음을 팔았습니다. 오늘 판 꽃은 어제 판 꽃보다 몇 송이 더 많은지 하나의 식으로 만들어 구하시오.

식 _____

답 _____

13 □ 안에 알맞은 수를 써넣으시오.

$$8 \times (9+5) - 40 = (21 - \square) \times (28 \div 7)$$

14 ( )가 없을 때 계산 결과가 더 커지는 식의 기호를 써 보시오.

$$\bigcirc \ 5 \times (4+6) - 18 \div 3$$
$$\bigcirc \ (7+16) \times 8 \div 2$$
$$\bigcirc \ (44+12) \div 4 - 2 \times 3$$
$$\bigcirc \ (40 \div 5 + 24) \div 4 \times 5$$

新 경향문제

15 계산기를 사용하여 다음 식을 계산할 때 버튼 입력 순서를 써 보시오.

$$(40 + 80) \div 2 \div 2 \div 2$$

新 경향문제

16 계산기의 메모리 기능을 이용하여 다음 식을 계산할 때 버튼 입력 순서를 써 보시오.

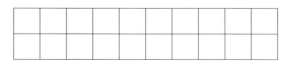

$$24 \times 5 - 28 \div 7 + 16 \times 5$$

01 □ 안에 들어갈 수 있는 자연수를 구하시오.

$$5 \times 8 + 63 \div 9 - 3 \; \bigcirc\!\!\!< \; 15 \times 3 \div \boxed{}$$

02 계산 결과가 가장 큰 것과 가장 작은 것의 차를 구하시오.

㉠ $69 + 12 \times 4 - 81 \div 9$
㉡ $(6 + 8) \div 7 + 13 \times 11$
㉢ $45 + 2 \times (24 - 15) \div 3 + 25$

03 식이 성립하도록 ○ 안에 $+$, $-$, $\times$, $\div$를 알맞게 써넣으시오.

$$52 - 12 \bigcirc 3 + 48 \bigcirc 6 = 96 \div 4$$

04 ㉮ ♥ ㉯ $= 2 + ㉮ \div 4 + (30 + ㉯) \div 3$으로 약속할 때, □ 안에 알맞은 수를 써넣으시오.

$$36 \; \heartsuit \; \boxed{} = 23$$

05

비누 9개와 치약 2개의 값을 먼저 알아봅니다.

현주는 슈퍼마켓에서 6개에 3000원 하는 비누 9개와 한 개에 1250원 하는 치약 2개를 사고 10000원을 냈습니다. 거스름돈으로 받은 돈의 반을 저금했다면 현주에게 남은 돈은 얼마입니까?

06

지혜는 친구들이 놀러 오기로 해서 맛있는 샌드위치를 만들어 주려고 합니다. 어머니께 20000원을 받고 재료를 사러 가려고 합니다. 샌드위치 재료와 가격표를 보고 물음에 답하시오.

〈샌드위치 재료〉

샌드위치 빵 2봉지, 토마토 4개,
치즈 10개, 오이 2개, 달걀 10개

가격표

품명	가격
샌드위치 빵 1봉지	1900원
토마토 1개	400원
치즈 1개	350원
오이 5개	1000원
달걀 1개	300원
사과 1개	500원

(1) 지혜가 샌드위치 재료를 사는 데 필요한 돈은 얼마인지 구하시오.

식 _____

답 _____

(2) 어머니께서 샌드위치 재료를 사고 나머지 돈으로 사과를 최대한 많이 사 오라고 하셨습니다. 사과는 몇 개까지 살 수 있고 얼마가 남는지 설명해 보시오.

_____

_____

_____

07

숫자 카드 2, 4, 6, 8 을 모두 사용하여 다음과 같은 식을 만들려고 합니다. 계산 결과가 가장 클 때는 얼마인지 구하시오. (단, 나눗셈 부분의 계산 결과는 자연수입니다.)

$$60-\boxed{}\div\boxed{}\times\boxed{}+\boxed{}$$

08

식이 성립하도록 +, −, ×, ÷의 기호를 ○ 안에 한 번씩 써넣으시오.

$$3\bigcirc12\bigcirc(6\bigcirc2)\bigcirc8=35$$

09

가♥나＝가×8−(24−8÷나)×나로 약속할 때, □ 안에 알맞은 수를 써넣으시오.

$$\boxed{}\ ♥\ 2=88$$

10

색 테이프 8개를 이으면 겹쳐진 부분은 8−1＝7(군데)입니다.

2 m짜리 색 테이프가 있습니다. 이 색 테이프 8개를 그림과 같은 방법으로 이었을 때, 전체 길이는 몇 cm인지 하나의 식으로 만들어 구하시오.

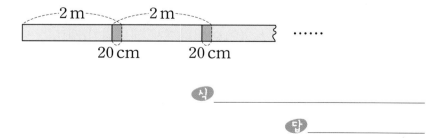

식 _____

답 _____

新 경향문제

11 계산기를 사용하여 다음 식을 계산할 때 버튼 입력 순서를 쓰고 ㉠ 계산 결과와 ㉡ 계산 결과의 차를 구하시오.

㉠ $36 \times 2 - 40 \div 2 + 15 \div 3$

㉡ $42 \times 3 + 25 \times 4 + 72 \div 12$

12 무게가 똑같은 귤 7개를 상자에 넣고 무게를 재어 보니 732 g이었습니다. 이 상자에 똑같은 무게의 귤 3개를 더 넣어 무게를 재어 보니 1020 g이었습니다. 상자만의 무게는 몇 g인지 하나의 식으로 만들어 구하시오.

식 _____

답 _____

13 □ 안에 공통으로 들어갈 수 있는 자연수를 모두 구하시오.

• $120 \div 2 - 3 \times 4 > 48 \div 8 \times \boxed{}$

• $12 \times 3 + 18 \div 9 < 42 \div 6 \times \boxed{}$

14 주어진 숫자 카드는 모두 사용하고 연산 카드는 4장 중에서 3장을 사용하여 만들 수 있는 식의 계산 결과 중 가장 큰 자연수와 가장 작은 자연수를 각각 구하시오.

(단, ( ) 는 사용할 수 없습니다.)

숫자 카드

1	4	6	8

연산 카드

+	−	×	÷

1 □ 안에 알맞은 수를 써넣으시오.

(1) $121 + 40 \times 5 - 92$

$= 121 + \boxed{} - \boxed{} = \boxed{}$

(2) $224 \div 4 - 91 \div 13$

$= \boxed{} - \boxed{} = \boxed{}$

2 계산 순서가 옳은 것은 어느 것입니까?

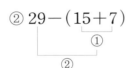

① $12 \times 5 + 7$　　② $29 - (15 + 7)$

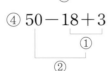

③ $34 \div 17 + 5$　　④ $50 - 18 + 3$

⑤ $48 - 8 \times 3$

3 다음을 계산하시오.

(1) $542 - (79 + 147)$

(2) $124 \div (36 - 32)$

4 ( )를 생략해도 계산 결과가 같은 식은 어느 것입니까?

① $36 \div (6 - 2)$　　② $(25 \div 5) \times 4$

③ $16 \times (3 + 3)$　　④ $50 - (36 + 6)$

⑤ $(44 + 6) \div 2$

5 ○ 안에 >, =, <를 알맞게 써넣으시오.

$136 - 55 + 37 \bigcirc 136 - (55 + 37)$

6 포도가 16송이 있었습니다. 어머니께서 32송이를 더 사 오시고, 19송이를 큰 댁에 드렸다면 남은 포도는 몇 송이인지 하나의 식으로 만들어 구하시오.

식 _____

답 _____

7 그림과 같이 면봉으로 정삼각형을 만들려고 합니다. 정삼각형 15개를 만들려면 면봉은 적어도 몇 개가 필요합니까?

$\triangle\triangle\triangle\triangle\triangle$ ......

8 두 식을 하나의 식으로 나타내시오.

$$59 - 8 \times 4 = 27 \qquad 56 \div 7 = 8$$

9 계산 결과가 가장 큰 것부터 차례로 기호를 쓰시오.

> ㉠ $55 + 16 \times 5 \div 8 - 24$
> ㉡ $80 - 52 \div (5 + 8)$
> ㉢ $64 + (72 - 19 \times 2)$

10 계산 순서를 나타내고 계산을 하시오.

(1) $90 \div 3 \times (35 - 26) - 72 \div 4$

(2) $2 \times 35 + 46 \div 2 + 50 - 3 \times 5$

11 식이 성립하도록 ○ 안에 $+$, $-$, $\times$, $\div$의 기호를 알맞게 써넣으시오.

$$6 \bigcirc 6 \bigcirc 6 = 30$$

12 □ 안에 알맞은 수를 써넣으시오.

$$33 - (11 \times \boxed{} - 3 \times 12) \times 4 = 1$$

13 식이 성립하도록 알맞은 곳에 ( ) 표시를 하시오.

$$40 - 4 \times 8 + 24 \div 8 = 24$$

14 계산 결과가 가장 큰 것을 찾아 기호를 쓰시오.

> ㉠ 32를 4로 나눈 몫에서 5를 뺀 후 9를 곱한 값
> ㉡ 11과 5의 합을 4로 나눈 후 20을 더한 값
> ㉢ 20과 9의 곱을 18로 나눈 후 3을 뺀 값

15 다음 정삼각형과 직사각형에서 굵은 선의 길이의 합은 몇 cm인지 하나의 식으로 만들어 구하시오.

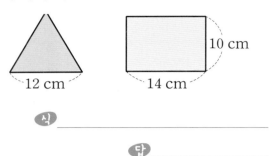

식 _____

답 _____

16 빨간 구슬이 36개, 파란 구슬이 28개 있습니다. 이것을 남학생 5명, 여학생 3명에게 구슬 색에 관계없이 똑같이 나누어 주면, 한 명이 몇 개씩 가질 수 있는지 하나의 식으로 만들어 구하시오.

식 _____

답 _____

17 경진이는 책을 매일 같은 쪽수씩 일주일 동안 420쪽 읽었고, 윤희는 매일 같은 쪽수씩 10일 동안 540쪽을 읽었습니다. 하루에 읽은 쪽수는 경진이가 몇 쪽 더 많은지 하나의 식으로 만들어 구하시오.

식 _____

답 _____

서술형

18 앞에서부터 차례로 계산을 하면 답이 틀리는 식을 찾고, 그 이유를 설명하시오.

① 318－29＋52   ② 32＋57－21
③ 27＋31×3   ④ 120÷4×3

19 그림과 같이 바둑돌을 놓을 때, 10번째에는 무슨 색 바둑돌이 몇 개 놓이는지 규칙을 찾아 설명하시오.

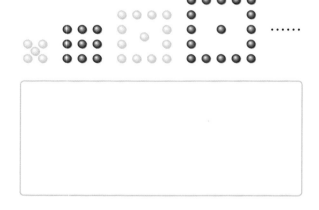

20 사과 3개는 1620원, 배 7개는 4900원, 귤 6개는 1500원이라고 합니다. 사과 1개와 귤 1개의 값의 합은 배 1개의 값보다 얼마나 더 비싼지 설명하시오.

2 약수와 배수

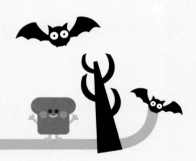

step 1 개념 확인하기

1 약수 알아보기

(1) 8을 나누어떨어지게 하는 수를 8의 약수라고 합니다.

1, 2, 4, 8은 8의 약수입니다. 어떤 수를 나누어떨어지게 하는 수를 그 수의 약수라고 합니다.

(2) 6의 약수 알아보기

6을 나누어떨어지게 하는 수를 구합니다.

$6 \div 1 = 6$ $6 \div 2 = 3$ $6 \div 3 = 2$

$6 \div 4 = 1 \cdots 2$ $6 \div 5 = 1 \cdots 1$ $6 \div 6 = 1$

➡ 6의 약수 : 1, 2, 3, 6

2 배수 알아보기

• 어떤 수를 1배, 2배, 3배, 4배, …… 한 수를 어떤 수의 배수라고 합니다.

㉔ 2의 배수 알아보기

2를 1배 한 수 : $2 \times 1 = 2$
2를 2배 한 수 : $2 \times 2 = 4$ ➡ 2의 배수 : 2, 4, 6, ……
2를 3배 한 수 : $2 \times 3 = 6$

참고 배수판정법

• 2의 배수 : 일의 자리 숫자가 0, 2, 4, 6, 8인 수
• 3의 배수 : 각 자리 숫자의 합이 3의 배수인 수
• 4의 배수 : 끝의 두 자리 수가 00 또는 4의 배수인 수
• 5의 배수 : 일의 자리 숫자가 0, 5인 수
• 6의 배수 : 2의 배수이며 3의 배수인 수
• 8의 배수 : 끝의 세 자리 수가 000 또는 8의 배수인 수
• 9의 배수 : 각 자리 숫자의 합이 9의 배수인 수

3 약수와 배수의 관계 알아보기

(1) 두 수의 곱으로 나타내어 알아보기

$15 = 1 \times 15$, $15 = 3 \times 5$에서 15는 1, 3, 5, 15의 배수이고, 1, 3, 5, 15는 15의 약수입니다.

(2) 여러 수의 곱으로 나타내어 알아보기

$12 = 1 \times 12$, $12 = 2 \times 6 = 2 \times 2 \times 3$,
$12 = 4 \times 3 = 2 \times 2 \times 3$에서 12는 1, 2, 3, 4, 6, 12의 배수이고, 1, 2, 3, 4, 6, 12는 12의 약수입니다.

확인문제

❶ 10의 약수를 구하려고 합니다. ☐ 안에 알맞은 수를 써넣으시오.

$10 \div \square = 10$ $10 \div \square = 5$
$10 \div \square = 2$ $10 \div \square = 1$

➡ 10의 약수 : ☐, ☐, ☐, ☐

❷ 배수를 가장 작은 자연수부터 5개 쓰시오.

(1) 3의 배수

(2) 7의 배수

❸ ☐ 안에 알맞은 수나 말을 써넣으시오.

(1) $14 = 1 \times \square$, $14 = 2 \times \square$에서 14는 ☐, ☐, ☐, ☐의 배수이고 ☐, ☐, ☐, ☐는 14의 약수입니다.

(2) $18 = 1 \times \square$, $18 = 2 \times \square$, $18 = 3 \times \square$, $18 = 2 \times 3 \times \square$에서 18은 1, 2, ☐, ☐, ☐, ☐의 ☐이고, 1, 2, ☐, ☐, ☐은 18의 약수입니다.

4 공약수와 최대공약수 알고 구하기

(1) 두 수의 공통인 약수를 공약수라 하고, 공약수 중에서 가장 큰 수를 최대공약수라고 합니다.

   예) 6의 약수: 1, 2, 3, 6
      8의 약수: 1, 2, 4, 8
   ➡ 6과 8의 공약수 : 1, 2
   ➡ 6과 8의 최대공약수 : 2

(2) 24와 30의 최대공약수 구하기

   방법 ① $24 = 2 \times 2 \times 2 \times 3$
          $30 = 2 \times 3 \times 5$
   ➡ $2 \times 3 = 6$ → 24와 30의 최대공약수

   방법 ②
   24와 30의 공약수 ← 2) 24 30
   12와 15의 공약수 ← 3) 12 15
                        4   5
   $2 \times 3 = 6$ → 24와 30의 최대공약수

(3) 두 수의 공약수는 최대공약수의 약수와 같습니다.

   예) 12와 28의 공약수는 12와 28의 최대공약수 4의 약수인 1, 2, 4입니다.

5 공배수와 최소공배수 알고 구하기

(1) 두 수의 공통인 배수를 공배수라 하고, 공배수 중에서 가장 작은 수를 최소공배수라고 합니다.

   예) 2의 배수: 2, 4, 6, 8, 10, 12, ……
      3의 배수 : 3, 6, 9, 12, 15, 18, ……
   ➡ 2와 3의 공배수 : 6, 12, ……
   ➡ 2와 3의 최소공배수 : 6

(2) 24와 30의 최소공배수 구하기

   방법 ① $24 = 2 \times 2 \times 2 \times 3$
          $30 = 2 \times 3 \times 5$
   ➡ $2 \times 3 \times 2 \times 2 \times 5 = 120$ 24와 30의 최소공배수

   방법 ②
   2) 24 30
   3) 12 15
       4   5
   $2 \times 3 \times 4 \times 5 = 120$ → 24와 30의 최소공배수

(3) 두 수의 공배수는 최소공배수의 배수와 같습니다.

   예) 5와 6의 공배수는 두 수의 최소공배수 30의 배수인 30, 60, 90, ……입니다.

확인문제

2단원

④ 16과 28의 공약수와 최대공약수를 구하려고 합니다. 빈칸에 알맞은 수들을 써넣으시오.

16의 약수	
28의 약수	
공약수	
최대공약수	

⑤ 20과 24의 최대공약수를 구하는 과정을 나타낸 것입니다. □ 안에 알맞은 수를 써넣으시오.

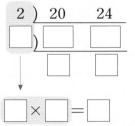

⑥ 36과 42의 최소공배수를 구하는 과정을 나타낸 것입니다. □ 안에 알맞은 수를 써넣으시오.

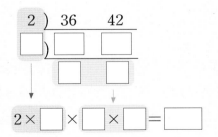

⑦ 15와 18의 최소공배수를 구하시오.

유형 1 약수 알아보기

약수를 구하시오.

(1) 12의 약수 ➡ (   )

(2) 27의 약수 ➡ (   )

1-1 왼쪽 수가 오른쪽 수의 약수가 되는 것을 찾아 ○표 하시오.

| 42 | 4 | | 2 | 73 | | 21 | 21 |

(   )   (   )   (   )

1-2 52의 약수가 <u>아닌</u> 것을 모두 찾아 쓰시오.

| 2 | 4 | 8 | 13 | 24 | 26 |

1-3 6은 258의 약수입니다. 그 이유를 쓰시오.

이유

1-4 45의 약수들의 합을 구하시오.

유형 2 배수 알아보기

4의 배수를 모두 찾아 • 표 하시오.

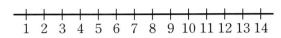

1 2 3 4 5 6 7 8 9 10 11 12 13 14

2-1 13의 배수를 가장 작은 자연수부터 차례로 늘어 놓을 때, 10번째 수를 구하시오.

2-2 다음과 같은 4장의 숫자 카드 중에서 2장을 뽑아 두 자리 수를 만들려고 합니다. 만들 수 있는 두 자리 수 중에서 3의 배수는 모두 몇 개입니까?

| 2 | 4 | 7 | 8 |

2-3 9의 배수를 모두 찾아 ○표 하시오.

| 49 | 243 | 981 | 1090 | 2340 |

2-4 17의 배수 중에서 200에 가장 가까운 수를 구하시오.

유형 3 약수와 배수의 관계 알아보기

식을 보고 □ 안에 알맞은 수를 써넣으시오.

$$1 \times 18 = 18 \qquad 2 \times 9 = 18 \qquad 3 \times 6 = 18$$

(1) 18은 1, 2, 3, □, □, □의 배수입니다.

(2) 1, 2, 3, □, □, □은 18의 약수입니다.

3-1 오른쪽 식을 보고 □ 안에 알맞은 말을 써넣으시오.

$$27 = 3 \times 9$$

27은 3과 9의 □이고, 3과 9는 27의 □입니다.

3-2 □ 안에 알맞은 수나 말을 써넣으시오.

$15 = 1 \times$ □ , $15 = 3 \times$ □ 이므로 □, □, □, □는 15의 약수이고 15는 1, 3, □, □의 □입니다.

3-3 오른쪽 식을 보고 □ 안에 알맞은 수나 말을 써넣으시오.

$$12 = 2 \times 2 \times 3$$

1은 모든 수의 약수이고,
$12 = 2 \times 2 \times 3$에서
2, 3, $2 \times$ □ $= 4$, $2 \times$ □ $= 6$,
$2 \times 2 \times$ □ $=$ □ 는 12를 모두 나누어떨어지게 하므로 12의 □입니다.
이때, 12는 1, 2, 3, □, □, □의 배수입니다.

3-4 28을 두 수의 곱셈식으로 나타내고 □ 안에 알맞은 수나 말을 써넣으시오.

$28 = 1 \times$ □ , $28 = 2 \times$ □
$28 = 4 \times$ □ 입니다.
1, 2, 4, □, □, □은 28의 □이고, 28은 1, 2, 4, □, □, □의 □입니다.

3-5 보기 에 대한 설명 중 옳지 <u>않은</u> 것은 어느 것입니까?

보기
$$32 = 4 \times 8$$

① 32는 4의 배수입니다.
② 32는 8의 배수입니다.
③ 4는 32의 약수입니다.
④ 8은 32의 약수입니다.
⑤ 32는 4와 8의 약수입니다.

3-6 두 수가 서로 약수와 배수의 관계인 것을 모두 고르시오.

① (8, 3)　　② (21, 3)　　③ (7, 24)
④ (30, 8)　　⑤ (10, 40)

3-7 4의 배수인 어떤 수가 있습니다. 이 수의 약수들을 모두 더하였더니 31이 되었습니다. 어떤 수는 얼마입니까?

유형 4 공약수와 최대공약수 알고 구하기

□ 안에 알맞은 수를 써넣고, 알맞은 말에 ○표 하시오.

(1) 8의 약수는 □, □, □, □ 입니다.

(2) 12의 약수는 □, □, □, □, □, □ 입니다.

(3) 8과 12의 공약수는 □, □, □ 입니다.

(4) 8과 12의 최대공약수는 □ 입니다.

(5) 8과 12의 최대공약수인 □의 약수는 □, □, □ 이고, 이것은 8과 12의 (공약수, 공배수)와 같습니다.

4-1 주어진 두 수의 공약수를 모두 구하시오.

(1) | 16 | 40 |

(2) | 45 | 75 |

(3) | 36 | 15 |

(4) | 24 | 18 |

4-2 주어진 두 수의 최대공약수를 찾아 ○표 하시오.

(1) 20, 30 (2 , 10 , 20)

(2) 42, 18 (3 , 6 , 9)

(3) 56, 64 (4 , 8 , 12)

4-3 주어진 두 수의 최대공약수를 찾아 선으로 이으시오.

12, 20	•	•	5
15, 25	•	•	4
30, 24	•	•	6

4-4 □ 안에 알맞은 수를 써넣으시오.

24와 어떤 수의 최대공약수가 6일 때, 24와 어떤 수의 공약수는 최대공약수의 약수와 같으므로 □, □, □, □ 입니다.

4-5 곱셈식을 보고 두 수 가와 나의 최대공약수를 구하시오.

$$가 = 2 \times 3 \times 3 \times 5$$
$$나 = 2 \times 5 \times 5 \times 7$$

4-6 보기와 같은 방법으로 두 수의 최대공약수를 구하시오.

보기

```
2) 6  12
3) 3   6
    1   2
```
최대공약수
➡ $2 \times 3 = 6$

```
 ) 18  30
```
최대공약수
➡ _____

4-7 두 수의 공약수가 가장 많은 것부터 차례로 기호를 쓰시오.

> ㉠ 16, 24 ㉡ 40, 18
> ㉢ 28, 20 ㉣ 16, 32

4-8 두 수의 최대공약수가 가장 큰 것은 어느 것입니까?

① 12, 36 ② 14, 28
③ 15, 60 ④ 18, 54
⑤ 21, 63

4-9 16과 24의 공약수가 <u>아닌</u> 것은 어느 것입니까?

① 1 ② 2 ③ 4
④ 6 ⑤ 8

4-10 18과 42의 최대공약수를 구하려고 합니다. □ 안에 알맞은 수를 써넣으시오.

$$18 = 2 \times \square \times \square$$
$$42 = 2 \times \square \times \square$$

$$
\begin{array}{r}
2\,)\,\underline{18 \quad 42} \\
\square\,)\,\underline{\square \quad \square} \\
3 \quad 7
\end{array}
$$

➡ 최대공약수 : $2 \times \square = \square$

4-11 어떤 두 수의 최대공약수가 20일 때, 이 두 수의 공약수를 모두 구하시오.

4-12 48과 72의 공약수는 모두 몇 개입니까?

4-13 □ 안에 공통으로 들어갈 수 있는 수를 모두 구하시오.

$$43 \div \square = \bullet \cdots 3$$
$$51 \div \square = \star \cdots 3$$

4-14 사과 18개, 귤 24개를 될 수 있는 대로 많은 봉지에 남김없이 똑같이 나누어 담으려고 합니다. 몇 봉지까지 나누어 담을 수 있습니까?

4-15 가로와 세로가 각각 30 cm, 45 cm인 직사각형 모양의 종이를 남는 부분 없이 잘라서 같은 크기의 가장 큰 정사각형 모양의 종이를 여러 장 만들려고 합니다. 정사각형의 한 변을 몇 cm로 하면 됩니까?

유형 5 공배수와 최소공배수 알고 구하기

□ 안에 알맞은 수를 써넣고, 알맞은 말에 ○표 하시오.

(1) 6의 배수는 6, ☐, ☐, ☐, ☐, ☐, …… 입니다.

(2) 15의 배수는 15, ☐, ☐, ☐, ☐, …… 입니다.

(3) 6과 15의 공배수를 가장 작은 자연수부터 차례로 쓰면 ☐, ☐, ☐, …… 입니다.

(4) 6과 15의 최소공배수는 ☐ 입니다.

(5) 6과 15의 최소공배수인 ☐의 배수는 6과 15의 (공약수, 공배수)와 같습니다.

5-1 28과 35의 공배수를 가장 작은 자연수부터 3개 쓰고, 최소공배수를 구하시오.

공배수	
최소공배수	

5-2 다음 중 6과 9의 공배수를 모두 고르시오.

① 15   ② 18   ③ 24
④ 54   ⑤ 63

5-3 10과 15의 공배수를 가장 작은 자연수부터 5개만 구하시오.

5-4 곱셈식을 보고 두 수 가와 나의 최소공배수를 구하시오.

$$가=2\times2\times5\times7$$
$$나=2\times3\times5\times7$$

5-5 보기와 같은 방법으로 두 수의 최소공배수를 구하시오.

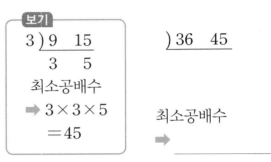

보기

```
3 ) 9  15
      3   5
```
최소공배수
➡ $3\times3\times5$
   $=45$

```
 ) 36   45
```
최소공배수
➡ _____

5-6 다음 두 수의 최소공배수를 구하시오.

(1) (12, 30)   (2) (30, 40)

(3) (16, 18)   (4) (42, 56)

5-7 어떤 두 수의 최소공배수가 36일 때, 이 두 수의 공배수를 가장 작은 수부터 5개만 쓰시오.

5-8 두 수의 최소공배수가 가장 큰 것을 찾아 쓰시오.

> ㉠ (8, 14)　　㉡ (28, 12)
> ㉢ (40, 8)　　㉣ (15, 60)

5-9 24와 36의 공배수가 <u>아닌</u> 것을 모두 찾으시오.

① 60　　② 72　　③ 90
④ 144　　⑤ 216

5-10 두 수의 최소공배수가 100보다 큰 것을 모두 찾으시오.

① 7, 35　　② 20, 30
③ 26, 14　　④ 45, 15
⑤ 72, 48

5-11 두 수의 최소공배수가 가장 작은 것부터 차례로 기호를 쓰시오.

> ㉠ (5, 20)　　㉡ (9, 27)
> ㉢ (24, 8)　　㉣ (32, 48)

5-12 어떤 두 수의 최소공배수가 12일 때, 두 수의 공배수 중 네 번째로 작은 수를 구하시오.

5-13 1000 이하의 자연수 중 9와 12의 공배수는 모두 몇 개입니까?

5-14 100보다 작은 자연수 중에서 6으로 나누어떨어지고 8로도 나누어떨어지는 수는 모두 몇 개입니까?

5-15 가로가 6 cm, 세로가 10 cm인 직사각형 모양의 카드를 겹치지 않게 빈틈없이 늘어놓아 가장 작은 정사각형을 만들려고 합니다. 물음에 답하시오.

(1) 정사각형의 한 변을 몇 cm로 해야 합니까?

(2) 필요한 직사각형 모양의 카드는 모두 몇 장입니까?

1 약수에 대한 설명으로 옳지 <u>않은</u> 것을 모두 고르시오.

① 어떤 수의 약수의 개수는 무수히 많습니다.
② 1은 모든 수의 약수입니다.
③ 8은 8의 약수가 아닙니다.
④ 2와 3은 12의 약수입니다.
⑤ 어떤 수를 그 수의 약수로 나누었을 때의 나머지는 0입니다.

2 다음 수의 약수를 모두 구하시오.
(1) 12의 약수

(2) 21의 약수

3 약수의 개수가 가장 많은 수는 어느 것입니까?
① 11   ② 12   ③ 16
④ 24   ⑤ 27

4 다음은 어떤 수의 약수를 모두 나타낸 것입니다. 어떤 수를 구하시오.

| 1 | 2 | 3 | 6 | 9 | 18 | 27 | 54 |

5 44를 어떤 수로 나누었더니 나누어떨어졌습니다. 어떤 수가 될 수 있는 수는 모두 몇 개입니까?

6 다음 조건을 모두 만족하는 수를 구하시오.

· 80의 약수입니다.
· 30의 약수가 아닙니다.
· 십의 자리 숫자는 1입니다.

7 학생들에게 모자 56개를 남김없이 똑같이 나누어 주려고 합니다. 나누어 줄 수 있는 학생 수를 모두 구하시오.

8 18과 21 중에서 약수의 합이 더 큰 수는 어느 것입니까?

9 3의 배수인 수를 모두 찾아 ○표 하시오.

| 120 | 527 | 308 | 915 |

10 다음 중 11의 배수가 <u>아닌</u> 것은 어느 것입니까?

① 11 ② 44 ③ 99
④ 133 ⑤ 154

11 40보다 크고 60보다 작은 4의 배수를 모두 구하시오.

12 8의 배수를 가장 작은 자연수부터 늘어놓았을 때, 6번째 수를 구하시오.

13 두 자리 수 중에서 23의 배수는 모두 몇 개입니까?

14 다음 세 자리 수가 7의 배수일 때, □ 안에 들어갈 수 있는 숫자를 구하시오.

12□

15 6의 배수 중에서 100에 가장 가까운 수를 구하시오.

16 100부터 320까지의 자연수 중에서 8의 배수는 몇 개입니까?

17 50보다 크고 100보다 작은 16의 배수 중 가장 작은 수와 가장 큰 수를 구하시오.

18 네 자리 수 '68□2'는 4의 배수입니다. □ 안에 들어갈 수 있는 숫자를 모두 구하시오.

19 어떤 수의 배수를 가장 작은 자연수부터 나열했습니다. 열아홉 번째 수를 구하시오.

| 7 | 14 | 21 | 28 | 35 | ⋯ |

20 두 수가 서로 약수와 배수의 관계인 것은 모두 몇 개입니까?

| (5, 8) | (12, 4) | (36, 9) |
| (27, 7) | (54, 6) | (92, 20) |

21 다음과 같은 식을 만족하는 세 수의 관계를 바르게 설명한 것을 모두 고르시오.

$$● = ■ × ▲$$

① ▲는 ●의 배수입니다.
② ■는 ●의 약수입니다.
③ ●는 ▲의 약수입니다.
④ ●는 ■의 배수입니다.
⑤ ●는 ■와 ▲의 약수입니다.

22 두 수가 서로 배수와 약수의 관계가 <u>아닌</u> 것을 모두 찾아 기호를 쓰시오.

㉠ (46, 23)	㉡ (72, 12)
㉢ (25, 15)	㉣ (36, 20)
㉤ (81, 27)	㉥ (60, 35)

23 6의 배수이면서 54의 약수인 수를 모두 구하시오.

24 다음 중 □ 안에 공통으로 들어갈 수 있는 수를 모두 고르시오.

• 4와 6은 □의 약수입니다.
• □는(은) 4와 6의 배수입니다.

① 12　　② 18　　③ 30
④ 32　　⑤ 60

25 다음 두 수의 최대공약수를 구하시오.

(1) (30, 45)　　　(2) (48, 72)

(3) (24, 81)　　　(4) (65, 78)

26 두 수의 최대공약수가 가장 큰 것부터 차례로 기호를 쓰시오.

> ㉠ (16, 32)　　　㉡ (63, 81)
>
> ㉢ (54, 72)　　　㉣ (18, 42)

27 어떤 두 수의 최대공약수가 14일 때, 이 두 수의 공약수를 모두 구하시오.

28 두 수의 최대공약수가 가장 작은 것은 어느 것입니까?

① (20, 60)　　　② (75, 125)

③ (60, 90)　　　④ (96, 72)

⑤ (36, 72)

29 18의 약수이면서 30의 약수인 수들의 합을 구하시오.

30 다음 그림에서 색칠한 부분에 들어갈 수를 모두 구하시오.

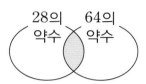

31 48과 어떤 수의 최대공약수가 16일 때, 48과 어떤 수의 공약수를 모두 구하시오.

32 어떤 수로 42를 나누면 3이 남고, 54를 나누면 2가 남는다고 합니다. 어떤 수 중에서 가장 큰 수를 구하시오.

33 몇 명까지 나누어 줄 수 있습니까?

연필 2타와 공책 42권을 될 수 있는 대로 많은 학생들에게 남김없이 똑같이 나누어 주려고 합니다. 물음에 답하시오. [33~34]

34 학생 한 명에게 나누어 줄 수 있는 연필과 공책의 수를 각각 구하시오.

35 가로가 56 cm, 세로가 35 cm인 직사각형 모양의 색도화지를 크기가 같은 정사각형 모양으로 남는 부분 없이 자르려고 합니다. 될 수 있는 대로 큰 정사각형으로 자른다면 정사각형 모양의 종이는 모두 몇 장이 됩니까?

36 다음 두 수의 최소공배수를 구하시오.

(1) (77, 11)　　(2) (16, 64)

(3) (36, 84)　　(4) (90, 18)

37 다음 두 수의 최소공배수를 구하시오.

$$2 \times 2 \times 5 \qquad 2 \times 3 \times 5$$

38 1에서 50까지의 자연수 중에서 8과 12의 공배수와 최소공배수를 각각 구하시오.

(1) 8과 12의 공배수

(2) 8과 12의 최소공배수

39 □ 안에 알맞은 수를 써넣으시오.

```
 2 ) 16    28          ➡ 최소공배수 :
  □ )□    □             2 × □ × 4 × □
       4   □             = □
```

40 18과 42의 공배수 중에서 500에 가장 가까운 수를 구하시오.

41 6과 15의 공배수 중에서 두 자리 수를 모두 쓰시오.

42 두 수의 최대공약수와 최소공배수를 각각 구하시오.

$$3 \times 5 \times 7 \qquad 2 \times 2 \times 3 \times 5$$

43 ⬭ 안에 있는 두 수의 최대공약수와 최소공배수를 구하여 위쪽에는 최대공약수를, 아래쪽에는 최소공배수를 써넣으시오.

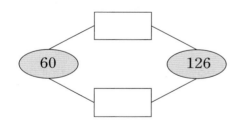

44 서로 다른 두 수 가와 나에 대하여 가와 나의 최소공배수가 630일 때, ☐ 안에 들어갈 수 중 가장 작은 수를 구하시오.

$$가 = 2 \times 3 \times 3 \times 5$$
$$나 = 2 \times 3 \times \boxed{}$$

45 어떤 두 수의 최소공배수가 32일 때, 이 두 수의 공배수 중 200에 가장 가까운 수를 구하시오.

46 6으로 나누어도 3이 남고 14로 나누어도 3이 남는 두 자리 수 중에서 가장 작은 수는 얼마인지 구하시오.

47 직선 위에 시작점을 같게하여 빨간색 점은 12 mm 간격으로, 노란색 점은 20 mm 간격으로 찍어 나가려고 합니다. 두 가지 색깔의 점이 시작점 다음으로 같이 찍히는 곳은 시작점으로부터 몇 mm 떨어진 곳입니까?

48 알람 시계는 4시간마다, 자명종 시계는 10시간마다 울리도록 맞추었습니다. 오늘 오전 10시에 두 시계가 동시에 울렸다면, 바로 다음 번에 두 시계가 동시에 울리는 시각은 내일 오전 몇 시입니까?

1 $<㉠>$을 ㉠의 모든 약수의 합으로 약속할 때, 다음을 계산하시오.

> $<<7>+<8>>×<10>$

$<\quad>$ 안에 있는 수의 약수를 모두 구하여 더합니다.

2 어떤 수로 704를 나누면 나머지가 2이고, 1085를 나누면 나머지가 5입니다. 어떤 수가 될 수 있는 수 중에서 가장 큰 수와 가장 작은 수를 각각 구하시오.

$(704-2)$와 $(1085-5)$를 어떤 수로 나누면 나누어 떨어집니다.

3 $(\square, 35)$에서 뒤의 수가 앞의 수의 배수라고 할 때, $\square$ 안에 알맞은 수를 모두 구하시오.

4 두 수 가와 나의 최대공약수를 가☆나로 나타내고 최소공배수를 가＊나로 나타낼 때, $(72☆48)☆(30＊45)$는 얼마인지 구하시오.

5 어떤 수를 15와 18로 나눌 때, 나머지가 항상 7이 되는 수들 중 가장 작은 수를 구하시오.

6 보기와 같이 크기가 같은 정사각형 여러 개로 서로 다른 모양의 직사각형을 만들려고 합니다. 물음에 답하시오.

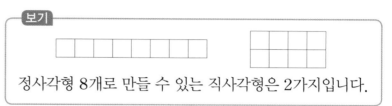

보기

정사각형 8개로 만들 수 있는 직사각형은 2가지입니다.

(1) 정사각형 20개로 만들 수 있는 직사각형은 모두 몇 가지입니까?

(2) 정사각형 42개로 만들 수 있는 직사각형은 모두 몇 가지입니까?

7 조건을 모두 만족하는 가장 작은 자연수 가를 구하시오.

조건
• 가와 60의 최대공약수는 12입니다.
• 가와 80의 최대공약수는 16입니다.

8 47을 어떤 수로 나누었더니 나머지가 3이었습니다. 어떤 수가 될 수 있는 수 중에서 약수가 2개인 수를 구하시오.

두 수는 각각 7 × ●, 7 × ▲
입니다.

9 어떤 두 수의 곱이 196이고 최대공약수가 7일 때, 이 두 수의 최소공배수는 얼마입니까?

10 두 수의 최대공약수는 30이고, 최소공배수는 420일 때, ㉠과 ㉡을 각각 구하시오.

$$2 \times ㉠ \times 5 \times 2 \qquad 2 \times 3 \times 5 \times ㉡$$

11 72와 어떤 수의 최대공약수는 24이고, 최소공배수는 360입니다. 어떤 수는 얼마입니까?

12 어느 버스 터미널에서 강원도행은 15분마다, 부산행은 35분마다 출발한다고 합니다. 오전 11시에 두 버스가 동시에 출발하였다면, 오후 2시 이후에 처음으로 두 버스가 동시에 출발하는 시각은 몇 시 몇 분입니까?

新 경향문제

13 한솔이는 가로가 51 cm, 세로가 18 cm인 직사각형 모양의 종이를 가지고 있습니다. 이 종이에서 가장 큰 정사각형을 잘라 내고, 남은 종이에서 또 가장 큰 정사각형을 잘라 내려고 합니다. 마지막에 남는 종이가 정사각형이 될 때까지 반복할 때, 마지막에 잘라 내는 정사각형의 한 변은 몇 cm입니까?

14 예슬이는 3일마다, 동민이는 4일마다 피아노 학원에 갑니다. 4월 1일에 두 사람이 학원에서 만났다면, 5월에 두 사람이 처음으로 학원에서 만나게 되는 날은 언제입니까?

⑦ 톱니 수와 ④ 톱니 수의 최소공배수를 구합니다.

15 두 개의 톱니바퀴 ⑦, ④가 맞물려 돌아가고 있습니다. ⑦의 톱니 수는 30개, ④의 톱니 수는 24개입니다. 두 톱니바퀴의 톱니가 처음 맞물렸던 자리에서 다시 만나려면 톱니바퀴 ④는 적어도 몇 바퀴를 돌아야 합니까?

(어떤 수+3)은 8과 7로 각각 나누었을 때 모두 나누어 떨어집니다.

16 어떤 수를 8로 나누면 5가 남고, 7로 나누면 4가 남습니다. 어떤 수 중에서 가장 작은 수를 구하시오.

01

3의 배수 판별법 : 각 자리 숫자
의 합이 3의 배수인 수

주어진 5장의 숫자 카드 중 4장을 뽑아 만들 수 있는 네 자리 수 중에서 가장 큰 3의 배수를 구하시오.

5   2   1   7   3

02

51부터 200까지의 수가 각각 적힌 카드 150장이 있습니다. 이 카드를 한솔, 석기 순으로 다음과 같이 뽑았습니다. 석기까지 카드를 뽑고 난 후 남은 카드는 몇 장입니까?

• 한솔이는 4의 배수 카드를 모두 뽑았습니다.
• 석기는 5의 배수 카드를 모두 뽑았습니다.

03

30, 58, 44를 어떤 수로 나누었더니 나머지가 모두 2였습니다. 어떤 수 중에서 가장 큰 수를 구하시오.

04

100보다 작은 자연수 중에서 4와 6으로 나누면 나머지가 각각 1이 되고, 7로 나누면 나머지가 3이 되는 수를 구하시오.

05 다음 조건을 모두 만족하는 어떤 수를 있는대로 구하시오.

> • 8은 어떤 수의 약수입니다.
> • 어떤 수는 50보다 작은 두 자리 수입니다.
> • 어떤 수는 3의 배수입니다.

06 다음 조건을 모두 만족하는 수들 중 70에 가장 가까운 수를 구하시오.

> • 3으로 나누면 2가 남습니다.
> • 7로 나누면 6이 남습니다.

07 253을 나머지가 3이 되도록 나눌 수 있는 수 중 100보다 작은 수를 모두 구하시오.

08 다음은 어떤 수의 약수를 모두 쓴 것입니다. □ 안에 알맞은 수를 구하시오.

> 2, 3, 9, 12, □, 18, 4, 6, 1

09

십간십이지표에서 규칙을 찾아 물음에 답하시오.

갑자	을축	병인	정묘	무진	기사	경오	신미	임신	계유	갑술	을해
병자	정축	무인	기묘	경진	신사	임오	계미	갑신	을유	병술	정해
무자	기축	㉠	신묘	임진	계사	갑오	을미	병신	정유	무술	기해
경자	㉡	임인	계묘				㉢				

(1) ㉠, ㉡, ㉢에 알맞은 간지를 써 보시오.

㉠ (   ) ㉡ (   ) ㉢ (   )

(2) 2018년 무술년에는 러시아에서 월드컵 대회가 열렸습니다. 2026년에는 북아메리카 3개국(캐나다, 미국, 멕시코)이 월드컵을 공동으로 개최한다고 합니다. 2026년이 되는 해의 이름을 써 보시오.

10

두 수의 최대공약수의 약수는 두 수의 공약수와 같음을 이용합니다.

네 개의 자연수 ㉮, ㉯, ㉰, ㉱가 있습니다. ㉮와 ㉰의 최대공약수는 70, ㉯와 ㉱의 최대공약수는 84일 때, ㉮, ㉯, ㉰, ㉱의 최대공약수를 구하시오.

11

원 모양의 호수 둘레에 같은 간격으로 나무를 심으려고 합니다. 나무를 4 m 간격으로 심을 때와 6 m 간격으로 심을 때 필요한 나무 수의 차가 16그루라면, 이 호수의 둘레는 몇 m입니까?

12

어느 동물원에 있는 펭귄들을 한 줄에 3마리씩, 4마리씩, 6마리씩 세우면 항상 마지막 줄에 한 마리가 부족하고, 5마리씩 줄을 세우면 부족하거나 남는 펭귄 없이 세울 수 있다고 합니다. 이 동물원에 있는 펭귄은 적어도 몇 마리입니까?

新 경향**문제**

13

가로 56 m, 세로 35 m인 직사각형 모양의 목장이 있습니다. 목장의 가장자리를 따라 일정한 간격으로 말뚝을 설치하여 울타리를 만들려고 합니다. 네 모퉁이에는 반드시 말뚝을 설치하고, 말뚝은 되도록 적게 사용할 때 필요한 말뚝의 수를 구하시오.

14

두 개의 전등 A, B가 있습니다. 전등 A는 5초 동안 켜지고 3초 동안 꺼집니다. 전등 B는 8초 동안 켜지고 2초 동안 꺼집니다. 지금 두 전등이 동시에 켜졌다면, 다음 번에 두 전등이 동시에 켜지는 것은 지금으로부터 몇 초 후입니까?

15

될 수 있는 대로 많은 사람에게 똑같이 나누어 주려면 최대공약수를 구해야 합니다.

배 88개, 귤 132개, 사과 66개를 될 수 있는 대로 많은 사람에게 똑같이 나누어 주려고 합니다. 한 사람이 받을 수 있는 배, 귤, 사과의 수를 각각 구하시오.

16

두 사람이 체육관에서 며칠마다 만나는지 알아보고 만나는 날의 요일의 규칙을 찾아봅니다.

웅이는 6일마다, 한별이는 9일마다 체육관에 갑니다. 두 사람이 월요일인 오늘 체육관에서 만났다면 일요일에 다시 만나는 때는 적어도 며칠 뒤입니까?

1 1부터 10까지의 자연수 중에서 약수가 4개 인 수는 모두 몇 개입니까?

2 6의 배수 중 20보다 큰 수를 모두 찾아 ○표 하시오.

| 66 | 32 | 6 | 48 | 54 | 16 |

3 두 수가 서로 약수와 배수의 관계인 것을 모 두 찾아 기호를 쓰시오.

㉠ 5, 12 ㉡ 12, 58 ㉢ 24, 96
㉣ 32, 128 ㉤ 40, 88 ㉥ 63, 189

4 두 자리의 자연수 중에서 6과 10의 공배수 를 모두 쓰시오.

5 가와 나의 최대공약수와 최소공배수를 각각 구하시오.

가＝2×3×5
나＝2×2×5×7

6 두 수의 최소공배수가 가장 작은 것부터 차 례로 기호를 쓰시오.

㉠ (9, 12) ㉡ (22, 18)
㉢ (36, 54) ㉣ (24, 32)

7 설명 중 바르지 않은 것을 모두 고르시오.

① 1은 모든 수의 약수입니다.
② 1은 모든 수의 배수입니다.
③ 어떤 두 수의 공약수는 무수히 많습니다.
④ 공약수 중 가장 큰 수를 최대공약수라고 합니다.
⑤ 공배수 중 가장 작은 수를 최소공배수라 고 합니다.

8 9의 배수가 되도록 ☐ 안에 알맞은 숫자를 써넣으시오.

(1) 39☐   (2) 4☐7   (3) 124☐

9 가와 20의 최소공배수가 60일 때, 가가 될 수 있는 것을 모두 고르시오.

① 2   ② 4   ③ 5
④ 6   ⑤ 12

10 어떤 두 수의 최대공약수가 18일 때, 이 두 수의 공약수는 모두 몇 개입니까?

11 5의 배수인 어떤 수가 있습니다. 이 수의 약수들을 모두 더하였더니 31이 되었습니다. 어떤 수는 얼마인지 구하시오.

12 9로 나누어떨어지고 15로도 나누어떨어지는 수 중에서 500에 가장 가까운 수를 구하시오.

13 137, 152를 어떤 수로 나누면 나머지가 모두 2가 됩니다. 어떤 수가 될 수 있는 수를 모두 구하시오.

14 가로가 90 cm, 세로가 63cm인 직사각형 모양의 종이판을 겹치지 않게 빈틈없이 늘어놓아 가장 작은 정사각형을 만들려고 합니다. 종이판은 모두 몇 장 필요합니까?

15 주어진 6장의 숫자 카드 중 3장을 골라 만들 수 있는 세 자리 자연수 중에서 400보다 작은 5의 배수는 모두 몇 개입니까?

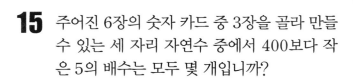

0   1   2   3   4   5

16 공책 54권, 연필 72자루를 될 수 있는 대로 많은 학생에게 남김없이 똑같이 나누어 주려고 합니다. 몇 명까지 나누어 줄 수 있습니까?

17 도로 위에 시작점을 같이하여 가로등을 12 m 간격으로 세우고, 나무는 16 m 간격으로 심으려고 합니다. 가로등과 나무가 겹치는 부분에 꽃을 심는다면, 몇 m 간격으로 꽃을 심어야 합니까?

18 어떤 수와 54의 최대공약수는 6이고, 최소공배수는 216입니다. 어떤 수는 얼마인지 설명하시오.

19 사과 210개, 배 180개를 될 수 있는 대로 많은 학생들에게 남김없이 똑같이 나누어 주려고 합니다. 사과와 배를 각각 몇 개씩 나누어 주면 되는지 설명하시오.

20 고속버스 터미널에서 광주행 버스는 10분, 부산행 버스는 8분마다 출발한다고 합니다. 오전 10시 30분에 두 버스가 동시에 출발하였다면, 다음 번에 동시에 출발하는 시각은 오전 몇 시 몇 분인지 설명하시오.

3 규칙과 대응

3. 규칙과 대응

1 두 양 사이의 관계 알아보기

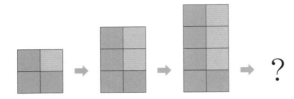

분홍색 정사각형의 수(개)	1	2	3	4	…
초록색 정사각형의 수(개)	3	4	5	6	…

• 분홍색 정사각형의 수와 초록색 정사각형의 수 사이의 대응 관계 ➡ 초록색 정사각형의 수는 분홍색 정사각형의 수보다 2개 많습니다.

검은색 바둑돌의 수(개)	1	2	3	4	…
흰색 바둑돌의 수(개)	2	4	6	8	…

• 검은색 바둑돌의 수와 흰색 바둑돌의 수 사이의 대응 관계 ➡ 흰색 바둑돌 수는 검은색 바둑돌 수의 2배입니다.

2 대응 관계를 식으로 나타내는 방법 알아보기

• 두 양 사이의 관계를 식으로 간단하게 나타낼 때는 각 양을 ●, ■, ▲, ★ 등과 같은 기호로 표현할 수 있습니다.

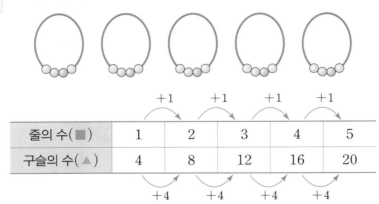

줄의 수(■)	1	2	3	4	5
구슬의 수(▲)	4	8	12	16	20

① 구슬의 수(▲)는 줄의 수(■)의 4배입니다.
  ➡ ▲＝■×4
② 줄의 수(■)는 구슬의 수(▲)를 4로 나눈 몫입니다.
  ➡ ■＝▲÷4

확인문제

1 그림과 같은 자전거가 있습니다. 자전거의 수와 바퀴의 수 사이의 대응 관계를 알아 보시오.

(1) 자전거가 2대 있다면 바퀴는 모두 몇 개입니까?

(2) 표의 빈칸에 알맞은 수를 써넣으시오.

자전거의 수(대)	1	2	3	4
바퀴의 수(개)	3			

(3) □ 안에 알맞은 수를 써넣으시오.

> • 자전거가 1대씩 늘어날 때마다 바퀴의 수는 □개씩 늘어납니다.
> • 바퀴의 수는 자전거의 수의 □배입니다.

2 표를 보고 물음에 답하시오.

●	1	2	3	4	5	6
★	3	4	5	6	7	8

(1) ●와 ★ 사이의 대응 관계를 알아보시오.

> ★은 ●보다 □ 큽니다.

(2) ●와 ★ 사이의 대응 관계를 식으로 나타내어 보시오.

> ★＝●＋□

✳ 색 테이프를 자른 횟수와 색 테이프 도막의 수 사이의 대응 관계를 식으로 나타내기

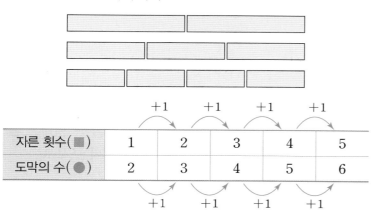

자른 횟수(■)	1	2	3	4	5
도막의 수(●)	2	3	4	5	6

① 색 테이프 도막의 수 (●)는 자른 횟수 (■)보다 1 많습니다. ➡ ●＝■＋1

② 자른 횟수(■)는 색 테이프 도막의 수(●)보다 1 적습니다. ➡ ■＝●－1

3 생활 속에서 대응 관계를 찾아 식으로 나타내기

✳ 서울의 시각과 방콕의 시각 사이의 대응 관계를 설명하기

서울의 시각(★)	오전 5시	오전 6시	오전 7시	오전 8시
방콕의 시각(●)	오전 3시	오전 4시	오전 5시	오전 6시

✳ ★과 ● 사이의 대응 관계를 식으로 나타내기
  ① 방콕의 시각(●)은 서울의 시각(★)보다 2시간 느립니다. ➡ ●＝★－2
  ② 서울의 시각(★)은 방콕의 시각(●)보다 2시간 빠릅니다. ➡ ★＝●＋2

✳ ★과 ● 사이의 대응 관계를 사용하여 문제 해결하기
  ① 서울의 시각(★)이 오전 10시라면 방콕의 시각(●)은 오전 8시입니다. ➡ ●＝★－2＝10－2＝8(시)
  ② 방콕의 시각(●)이 오전 9시라면 서울의 시각(★)은 오전 11시입니다. ➡ ★＝●＋2＝9＋2＝11(시)

③ 표를 완성하고 ★과 ● 사이의 대응 관계를 식으로 나타내어 보시오.

(1)
★	1	2	3	4	5
●	6	12	18		

식 _____

(2)
★	1	2	3	4	5
●	3	4	5		

식 _____

④ 미술 시간에 꽃 한 송이에 꽃잎이 5장이 되도록 꽃을 만들었습니다. 꽃의 수를 ■, 꽃잎의 수를 ▲라 할 때 ■와 ▲ 사이의 대응 관계를 알아보시오.

(1) ■와 ▲ 사이의 대응 관계를 표로 나타내어 보시오.

■	1	2	3	4	5
▲	5	10			

(2) ■와 ▲ 사이의 대응 관계를 식으로 나타내어 보시오.

(3) 꽃이 7송이면 꽃잎은 모두 몇 장입니까?

(4) 꽃잎이 45장이면 꽃은 모두 몇 송이입니까?

step 2. 기본 유형익히기

유형 1 두 양 사이의 관계 알아보기

강아지의 수와 강아지 다리의 수 사이의 대응 관계를 알아보려고 합니다. 빈칸에 알맞은 수를 써넣으시오.

강아지의 수 (마리)				
강아지 다리의 수(개)				

1-1 가영이의 나이를 나타낸 표입니다. 물음에 답하시오.

연도(년)	2013	2014	2015	2016	2017	2018
나이(살)			10	11		

(1) 표의 빈칸에 알맞은 수를 써넣으시오.

(2) 연도와 가영이의 나이 사이의 대응 관계를 알아보시오.

연도가 1년씩 늘어날 때마다 가영이의 나이는 [ ]살씩 늘어나고, 연도가 1년씩 줄어들 때마다 가영이의 나이는 [ ]살씩 줄어듭니다.

1-2 예슬이가 걷는데 걸린 시간과 간 거리의 관계를 나타낸 표입니다. 물음에 답하시오.

걸린 시간(분)	1	2	3	4	……
간 거리(m)	80	160	240	320	……

(1) 걸린 시간과 간 거리 사이의 대응 관계를 써 보시오.

(2) 예슬이가 10분 동안 간 거리는 몇 m입니까?

1-3 ■와 ▲ 사이의 대응 관계를 나타낸 표입니다. 물음에 답하시오.

■	6	7	8	9	10	11
▲	9	10	11			

(1) ■가 9일 때 ▲는 얼마입니까?

(2) 표의 빈칸에 알맞은 수를 써넣고 ■와 ▲ 사이의 대응 관계를 써 보시오.

1-4 사각형과 원으로 규칙적인 배열을 만들고 있습니다. 물음에 답하시오.

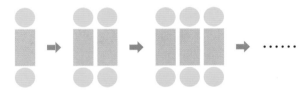

(1) 사각형과 원의 수가 어떻게 변하는지 표를 만들어 보시오.

사각형의 수(개)	1	2	……
원의 수(개)			……

(2) 사각형이 10개일 때 원은 몇 개입니까?

(3) 사각형과 원의 수 사이의 대응 관계를 써 보시오.

1-5 승용차의 수와 바퀴의 수의 관계를 나타낸 표입니다. 물음에 답하시오.

승용차의 수(대)	1	2	3	4	……
바퀴의 수(개)					……

(1) 빈칸을 채워 표를 완성하시오.

(2) 승용차의 수와 바퀴의 수 사이의 대응 관계를 써 보시오.

유형 2 대응 관계를 식으로 나타내는 방법 알아보기

영수의 나이가 8살일 때 형의 나이는 10살이었습니다. 물음에 답하시오.

(1) 영수의 나이와 형의 나이 사이의 대응 관계를 표로 나타내어 보시오.

영수의 나이(살)	8	9	10	11	12
형의 나이(살)	10				

(2) 영수의 나이와 형의 나이 사이에는 어떤 대응 관계가 있는지 써 보시오.

(3) 영수의 나이를 ●, 형의 나이를 ♥라 할 때 ●와 ♥ 사이의 대응 관계를 식으로 나타내어 보시오.

2-1 서울과 로마의 시각 사이의 대응 관계를 나타낸 표입니다. 물음에 답하시오.

서울	오전 9시	오전 10시	오전 11시	오전 12시		
로마	오전 1시	오전 2시	오전 3시		오전 5시	오전 6시

(1) 표의 빈칸에 알맞은 시각을 써넣으시오.

(2) 두 도시의 시각 사이의 대응 관계를 식으로 나타내어 보시오.

2-2 ◎와 ♠ 사이의 대응 관계를 식으로 나타내어 보시오.

◎	6	7	8	9	10	11
♠	2	3	4	5	6	7

2-3 다음과 같이 한 변의 길이가 3 cm인 정사각형을 규칙적으로 그려갑니다. 물음에 답하시오.

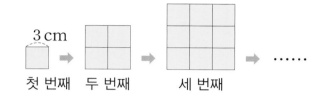

3 cm
첫 번째 두 번째 세 번째 ➡ ······

(1) 빈칸을 채워 표를 완성하시오.

순서	첫 번째	두 번째	세 번째	······
도형의 둘레(cm)				······

(2) 순서를 ▲, 도형의 둘레를 ★라 할 때, ▲와 ★ 사이의 대응 관계를 식으로 나타내어 보시오.

(3) 10번째에 올 도형의 둘레는 몇 cm입니까?

2-4 승용차 한 대에 5명이 탈 수 있습니다. 승용차의 수를 ●, 탈 수 있는 사람의 수를 ■로 하여 대응 관계를 식으로 나타내어 보시오.

2-5 그릇 공장에서 그릇을 한 개 만드는 데 철 400 g이 필요합니다. 그릇의 수를 ★, 필요한 철의 무게를 ▲로 하여 대응 관계를 식으로 나타내어 보시오.

2-6 관계있는 것끼리 선으로 이으시오.

■	5	6	7	8
♥	15	18	21	24

■	20	21	22	23
♥	15	16	17	18

■	2	3	4	5
♥	8	9	10	11

• ♥ = ■ + 6

• ♥ = ■ × 3

• ♥ = ■ − 5

2-7 표를 보고 누나의 나이를 ■, 석기의 나이를 ★로 하여 대응 관계를 식으로 나타내고, 석기가 15살이 되면 누나는 몇 살이 되는지 구하시오.

누나의 나이(살)	14	15	16	17	18	19
석기의 나이(살)	7	8	9	10	11	12

2-8 한초네 학교의 5학년 학생은 모두 245명입니다. 5학년 학생 중 남학생의 수를 ♥, 여학생의 수를 ▲라 할 때 대응 관계를 식으로 나타내시오.

2-9 학생이 한 모둠에 5명씩 앉아 있습니다. 모둠의 수를 ●, 학생의 수를 ▲라 할때 대응 관계를 식으로 나타내시오.

2-10 ★과 ♥ 사이의 대응 관계를 식으로 바르게 나타낸 사람은 누구입니까?

★	3	4	5	6	7	8
♥	14	15	16	17	18	19

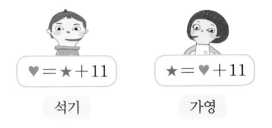

♥ = ★ + 11
석기

★ = ♥ + 11
가영

표를 보고 물음에 답하시오. [2-11~2-12]

■	1	2	3	4	5
▲	2	4	6	8	10
●	4	8	12	16	20

2-11 ■와 ▲ 사이의 대응 관계를 식으로 나타내어 보시오.

2-12 ■와 ● 사이의 대응 관계를 식으로 나타내어 보시오.

2-13 표를 완성하고 ◆와 □ 사이의 대응 관계를 식으로 나타내어 보시오.

(1)
◆	1	2	3	4	5	6
□	5	10	15			

(2)
◆	4	6	8	10	12	14
□	16	14	12			

유형 3 생활 속에서 대응 관계를 찾아 식으로 나타내기

빵 한 개를 만드는 데 달걀이 3개 필요합니다. 빵의 수를 ■, 달걀의 수를 ▲라 할 때 물음에 답하시오.

(1) ■와 ▲ 사이의 대응 관계를 표로 나타내어 보시오.

■	1	2	3	4	5
▲	3	6			

(2) ■와 ▲ 사이의 대응 관계를 식으로 나타내어 보시오.

(3) 빵 8개를 만드는 데 필요한 달걀은 모두 몇 개입니까?

(4) 달걀 21개로 만들 수 있는 빵은 모두 몇 개입니까?

3-1 구슬이 한 상자에 25개씩 들어 있습니다. 상자의 수를 ★, 구슬의 수를 ●라 할 때 물음에 답하시오.

(1) ★과 ● 사이의 대응 관계를 표로 나타내어 보시오.

★	1	2	3	4	5
●	25	50			

(2) ★과 ● 사이의 대응 관계를 식으로 나타내어 보시오.

(3) 상자의 수가 12개이면 구슬은 모두 몇 개입니까?

(4) 구슬의 수가 325개이면 상자의 수는 모두 몇 개입니까?

3-2 식당에 식탁이 여러 개 놓여 있고 식탁 1개에는 의자가 4개씩 놓여 있습니다. 식탁의 수를 ♥, 의자의 수를 ■라 할 때 물음에 답하시오.

(1) ♥와 ■ 사이의 대응 관계를 표로 나타내어 보시오.

♥	1	2		5
■		12	16	

(2) ♥와 ■ 사이의 대응 관계를 식으로 나타내어 보시오.

(3) 식탁 10개에 놓인 의자는 모두 몇 개입니까?

(4) 놓인 의자가 60개이면 식탁은 모두 몇 개입니까?

3-3 어떤 미술 작품 1개를 만드는 데 필요한 색종이가 12장입니다. 물음에 답하시오.

(1) 같은 미술 작품의 수를 ★, 필요한 색종이의 수를 ▲라 하여 대응 관계를 식으로 나타내어 보시오.

(2) 같은 미술 작품 5개를 만드는 데 필요한 색종이는 몇 장입니까?

(3) 색종이 120장으로 만들 수 있는 미술 작품은 몇 개입니까?

1 다음은 형의 나이와 동생의 나이 사이의 대응 관계를 표로 나타낸 것입니다. 표를 완성하고 물음에 답하시오.

형의 나이(살)	12	13	14	15	16
동생의 나이(살)	8	9			

(1) 형의 나이와 동생의 나이 사이의 대응 관계를 써 보시오.

(2) 동생이 15살일 때 형은 몇 살입니까?

2 ★과 ● 사이의 대응 관계를 나타낸 표입니다. 물음에 답하시오.

★	1	2	3	4	5
●	3	6			

(1) ★이 1일 때 ●는 얼마입니까?

(2) ★이 4일 때 ●는 얼마입니까?

(3) 표의 빈칸에 알맞은 수를 써넣고 ★과 ● 사이의 대응 관계를 써 보시오.

3 ▲는 ■보다 7 큰 수입니다. 빈칸에 알맞은 수를 써넣으시오.

■	0	1		3	4	5	6
▲		8	9				14

4 ★은 ●의 9배입니다. 빈칸에 알맞은 수를 써넣으시오.

●	4	5	6				10	11
★				63	72	81		

5 ⊙와 ♤ 사이의 대응 관계를 식으로 나타내어 보시오.

⊙	0	1	2	3	4	……	33	34	35
♤	35	34	33	32	31	……	2	1	0

6 표를 보고 관계있는 것끼리 선으로 이어 보시오.

●	3	4	5	6
★	15	16	17	18

●	8	9	10	11
★	1	2	3	4

●	36	39	42	45
★	12	13	14	15

★ = ● ÷ 3

★ = ● − 7

★ = ● + 12

★ ●와 ■ 사이의 대응 관계를 식으로 나타내시오. [7~8]

7

●	1	2	3	4	5
■	6	7	8	9	10

8

●	8	12	16	20	24
■	2	3	4	5	6

9 표를 완성하고 ■와 ▲ 사이의 대응 관계를 식으로 나타내어 보시오.

■	3	4	5	6	7
▲	24		40	48		64

10 ◆와 ● 사이의 대응 관계를 나타낸 표를 완성하고 물음에 답하시오.

◆	3	4	5	6	7
●	12	16	20		

(1) ◆와 ● 사이의 대응 관계를 식으로 나타내시오.

(2) ◆가 9일 때 ●는 얼마입니까?

11 그림과 같이 색종이를 겹쳐서 누름 못으로 게시판에 붙이려고 합니다. 물음에 답하시오.

(1) 빈칸에 알맞은 수를 써넣으시오.

색종이의 수(장)	1	2	3	4	5		7	8
누름 못의 수(개)	2	3	4			7		

(2) 색종이의 수와 누름 못의 수 사이의 대응 관계를 써 보시오.

12 오른쪽 그림과 같이 주머니 한 개에 구슬이 6개씩 들어 있습니다. 물음에 답하시오.

(1) 주머니 3개에는 구슬이 몇 개 들어 있습니까?

(2) 빈칸에 알맞은 수를 써넣고 주머니의 수와 구슬의 수 사이의 대응 관계를 써 보시오.

주머니의 수 (개)	1	2	3	4	5	6
구슬의 수 (개)	6	12				

(3) 주머니의 수를 ♥, 구슬의 수를 ◆라 할 때 ♥와 ◆ 사이의 대응 관계를 식으로 나타내어 보시오.

13 ■와 ▲ 사이의 대응 관계를 표로 나타낸 것입니다. 물음에 답하시오.

■	1	2	3	4	5	6	7
▲	2	5	8			17	

(1) 표의 빈칸에 알맞은 수를 써넣으시오.

(2) ■와 ▲ 사이의 대응 관계를 식으로 나타내어 보시오.

(3) ■가 10일 때 ▲의 값을 구하시오.

(4) ▲가 38일 때 ■의 값을 구하시오.

14 그림과 같은 규칙으로 정삼각형을 만들려고 합니다. 물음에 답하시오.

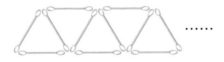 ……

(1) 정삼각형의 수를 ■, 면봉의 수를 ▲라 할 때 ■와 ▲ 사이의 대응 관계를 식으로 나타내어 보시오.

(2) 정삼각형을 11개 만들려면 면봉은 몇 개 필요합니까?

(3) 면봉 31개로 만들 수 있는 정삼각형은 몇 개입니까?

15 ●와 ▲ 사이의 대응 관계가 ▲ = ● − 4가 되는 문장을 만들고 표로 나타내어 보시오.

●					
▲					

☆ 빈칸에 알맞은 수를 써넣고 ●와 ▲ 사이의 대응 관계를 식으로 나타내시오. [16~17]

16

●	25	31	37	43	49
▲	4	5			8

17

●	3	7	11	15	
▲	14	30	46		78

영수가 집을 나선 지 7분 후에 동생은 영수의 도시락을 가지고 뒤따라갔습니다. 영수는 걸어서 1분에 55 m씩 가고, 동생은 자전거를 타고 1분에 110 m씩 간다고 합니다. 물음에 답하시오. [18~21]

18 동생이 집을 나설 때 영수는 몇 m를 갔습니까?

19 표를 완성하시오. (단, 시간은 영수가 집을 나선 후의 시간입니다.)

시간(분)	7	8	9	10	11
영수와 동생 사이의 거리(m)					

20 영수가 집을 나선 지 7분 후부터 1분이 지날 때마다 영수와 동생 사이의 거리는 몇 m씩 좁혀집니까?

21 영수가 집을 나선 지 몇 분 후에 영수와 동생이 만나겠습니까?

22 면봉을 사용하여 다음과 같은 방법으로 오각형을 만들려고 합니다. 오각형을 20개 만드는 데 필요한 면봉은 모두 몇 개인지 표로 나타내고 구하시오.

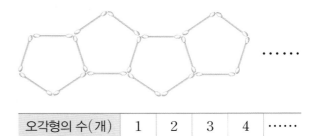

오각형의 수(개)	1	2	3	4	……
면봉의 수(개)					……

그릇 공장에서 그릇을 한 개 만드는 데 철 450 g이 필요합니다. 물음에 답하시오. [23~25]

23 표를 완성하시오.

그릇의 수 (개)	1	2	3	4	5	6
철의 무게 (g)	450	900				

24 그릇의 수를 ●, 철의 무게를 ▲로 하여 대응 관계를 식으로 나타내어 보시오.

25 철 6 kg으로 그릇을 13개 만들면 철이 몇 g 남습니까?

한 변이 1 cm인 정사각형을 그림과 같이 규칙적으로 놓아 더 큰 정사각형을 만들어 가고 있습니다. 규칙에 따라 만든 정사각형의 한 변에 놓인 정사각형의 개수를 ★, 한 변이 1 cm인 정사각형의 전체 개수를 ♣라 합니다. 물음에 답하시오. [26~30]

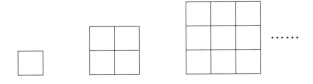

26 ★과 ♣ 사이의 대응 관계를 표로 나타내어 보시오.

★	1	2	3	4	5	6	7
♣	1	4	9				

27 ★과 ♣ 사이의 대응 관계를 써 보시오.

28 ★과 ♣ 사이의 대응 관계를 식으로 나타내어 보시오.

29 한 변에 놓인 정사각형이 12개이면 한 변이 1 cm인 정사각형의 전체 개수는 몇 개입니까?

30 한 변이 1 cm인 정사각형의 전체 개수가 196개이면 만든 정사각형의 전체 둘레는 몇 cm인지 ★과 ♣ 사이의 대응 관계를 이용하여 설명하시오.

31 지혜는 연필을 몇 타 가지고 있었는데 친구에게 3자루를 더 받았습니다. 표를 완성하고 지혜가 가지고 있었던 연필의 타 수(□)와 연필의 총 자루 수(○) 사이의 대응 관계를 식으로 나타내어 보시오.

□	1	2	3	4	5	6
○						

32 한쪽에 2명씩 앉을 수 있는 정사각형 모양의 식탁 9개를 한 줄로 길게 이어 붙이면 모두 몇 명이 앉을 수 있습니까?

33 신영이는 마트에 가서 700원짜리 음료수를 ■개 사고 10000원을 냈습니다. 신영이가 거스름돈으로 받아야 할 돈을 ▲원이라고 할 때 ■와 ▲ 사이의 대응 관계를 식으로 나타내시오.

34 위 **33**번에서 신영이는 700원짜리 음료수를 몇 개까지 살 수 있는지 구하시오.

35 용희는 가지고 있는 500원짜리 동전 ●개를 은행에 가서 모두 100원짜리 동전으로 바꾸려고 합니다. 바꾼 100원짜리 동전의 수를 ★이라고 할 때 ●와 ★ 사이의 대응 관계를 식으로 나타내어 보시오.

36 통나무를 한 번 자르는 데 45초가 걸린다고 합니다. 같은 빠르기로 쉬지 않고 통나무를 13도막으로 자르면 몇 분이 걸리겠습니까?

37 세발자전거와 두발자전거가 모두 30대 있습니다. 자전거의 바퀴를 세어 보니 모두 78개였습니다. 세발자전거는 몇 대 있습니까?

38 테니스 대회에 32명의 선수들이 참가했습니다. 우승자가 결정될 때까지 이긴 선수끼리만 경기를 하려고 합니다. 우승자를 가리려면 모두 몇 번의 시합을 해야 합니까?

39 어느 인형 공장에는 한 시간에 인형을 18개씩 만드는 기계와 25개씩 만드는 기계가 각각 1대씩 있습니다. 두 대의 기계를 동시에 사용하여 인형 387개를 만들려면 몇 시간이 걸리겠습니까?

40 동민이가 7이라고 말하면 예슬이는 22라고 대답하고, 동민이가 10이라고 말하면 예슬이는 31이라고 대답합니다. 또 동민이가 13이라고 말하면 예슬이는 40이라고 대답합니다. 동민이가 20이라고 말하면 예슬이는 어떤 수를 대답해야 합니까?

1 영수는 사각형 조각으로 규칙적인 배열을 만들고 있습니다. 배열 순서와 사각형 조각의 수 사이의 대응 관계를 알아보고, 100번째에 필요한 사각형 조각의 수를 구해 보시오.

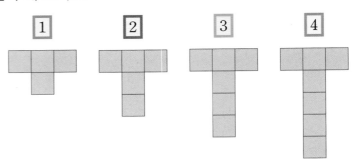

2 표를 보고 ■와 ▲ 사이의 대응 관계를 식으로 나타내어 보시오.

■	1	2	3	4	5	6
▲	5	12	19	26	33	40

3 ●와 ★ 사이의 대응 관계를 나타낸 표입니다. ●가 30일 때의 ★의 값과 ★이 13일 때 ●의 값의 합은 얼마입니까?

●	6	8	10	12	14	16
★	4	5	6	7	8	9

4 한 병에 800원인 음료수가 있습니다. 이 음료수가 3병씩 한 묶음으로 포장되어 있고 묶음 단위로만 살 수 있다고 할 때 40병을 사려면 얼마가 필요합니까?

5 표를 보고 ●와 ■ 사이의 대응 관계를 식으로 나타내려고 합니다. 물음에 답하시오.

●	1	2	3	4	5	6	7
▲	4	5	6	7	8	9	10
■	24	30	36	42	48	54	60

(1) ●와 ▲ 사이의 대응 관계를 식으로 나타내어 보시오.

(2) ▲와 ■ 사이의 대응 관계를 식으로 나타내어 보시오.

(3) ●와 ■ 사이의 대응 관계를 식으로 나타내어 보시오.

6 그림과 같이 면봉으로 정삼각형을 만들었습니다. 사용한 면봉이 35개일 때 만든 정삼각형은 몇 개입니까?

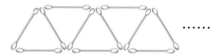

7 다음과 같이 한 변의 길이가 4 cm인 정사각형을 규칙적으로 그려갑니다. 다섯 번째에 만들어지는 도형의 둘레는 몇 cm입니까?

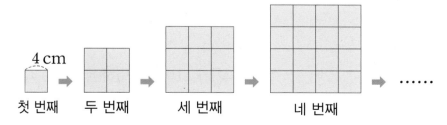

4 cm
첫 번째   두 번째   세 번째   네 번째

8 위 **7**번의 문제에서 50번째에 만들어지는 도형의 둘레는 몇 cm입니까?

9 구슬이 한 주머니에 100개씩 들어 있습니다. 한 주머니 안에 들어 있는 구슬 중 $\frac{1}{10}$ 은 흰색 구슬이고 나머지는 모두 검은색 구슬입니다. 주머니의 수를 ♥, 검은색 구슬의 수를 ★로 할 때 ♥와 ★ 사이의 대응 관계를 식으로 나타내시오.

新 경향문제

10 원 모양의 연못 둘레에 4 m 간격으로 나무를 심었더니 9번째 나무와 20번째 나무가 마주 보고 있었습니다. 연못의 둘레의 길이는 몇 m입니까?

11 빨간색 끈의 길이는 파란색 끈의 길이의 5배입니다. 파란색 끈의 길이를 ㉠이라 하고, 빨간색 끈의 길이와 파란색 끈의 길이의 차를 ㉡이라고 할 때 ㉠과 ㉡ 사이의 대응 관계를 식으로 나타내시오.

12 석기가 11이라고 말하면 지혜는 43이라고 대답하고, 석기가 14라고 말하면 지혜는 52라고 대답합니다. 또 석기가 17이라고 말하면 지혜는 61이라고 대답합니다. 석기가 38이라고 말하면 지혜는 어떤 수를 대답해야 합니까?

13 높이가 198 cm인 물탱크에 수도관으로 물을 넣을 때 시간과 물의 높이 사이의 대응 관계를 나타낸 표입니다. 빈 물탱크를 가득 채우는 데 걸리는 시간은 몇 시간 몇 분입니까?

시간(분)	1	2	3	4	5
높이(cm)	3	6	9	12	15

14 그림과 같이 클립으로 정사각형을 만들려고 합니다. 정사각형을 15개 만들려면 클립은 모두 몇 개가 필요합니까?

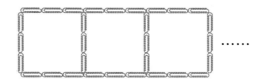

15 그림과 같이 바둑돌을 놓았습니다. 놓은 차례를 ■, 검은색 바둑돌의 수를 ★이라 할 때 ■와 ★ 사이의 대응 관계를 식으로 나타내어 보시오.

16 그림과 같이 한쪽 면에 3명씩 앉을 수 있는 9인용 식탁 10개를 한 줄로 이어 붙였습니다. 식탁에 앉을 수 있는 사람은 모두 몇 명입니까?

01
바둑돌을 다음과 같은 규칙으로 놓았습니다. 바둑돌을 놓은 순서를 ■, 바둑돌의 수를 ▲라고 할 때 ■와 ▲ 사이의 대응 관계를 식으로 나타내시오.

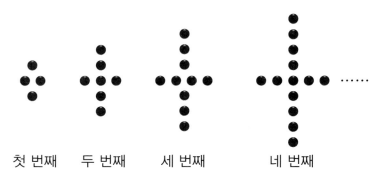

첫 번째   두 번째   세 번째   네 번째

02
형이 10살일 때 동생은 7살이고, 동생이 5살일 때 어머니는 32살입니다. 형이 12살일 때 동생과 어머니의 나이의 합을 구하시오.

03
오각형의 수를 ■, 그을 수 있는 대각선의 수를 ▲라고 할 때 ■와 ▲ 사이의 대응 관계를 식으로 나타내어 보시오.

먼저 오각형 한 개에 그을 수 있는 대각선의 수는 몇 개인지 알아봅니다.

04
그림과 같이 한 변이 1 cm인 정육각형을 한 줄로 이어 붙였습니다. 정육각형의 수가 18개이면 이어 붙인 도형의 둘레는 몇 cm입니까?

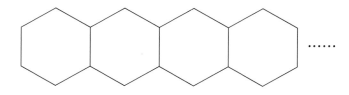

05

그림과 같이 점선을 따라 실을 자르려고 합니다. 잘린 실의 조각이 55조각이라면 실을 자른 횟수는 몇 번입니까?

   ……

3
단원

新 경향문제
06

그림과 같이 바둑돌을 늘어놓았을 때 100번째에 놓이는 모양에서 흰색 바둑돌과 검은색 바둑돌 중 무슨 색 바둑돌이 몇 개 더 많습니까?

 ……

07

가, 나, 다 수도꼭지에서 각각 물이 1분에 17 L, 13 L, 21 L씩 나옵니다. 물 탱크에 3개의 수도꼭지를 동시에 틀어서 물 612 L를 받으려면 몇 분이 걸리겠습니까?

08

신영이가 퀴즈 대회에 참가하였습니다. 문제를 맞히면 10점을 얻고, 맞히지 못해도 기본 점수인 5점을 얻습니다. 신영이가 10문제를 푼 결과 맞힌 문제의 개수를 ●, 얻은 점수를 ■라 할 때 ●와 ■ 사이의 대응 관계를 식으로 나타내시오.

09 그림과 같이 면봉으로 정오각형을 만들려고 합니다. 면봉 200개로는 정오각형을 최대 몇 개까지 만들 수 있습니까?

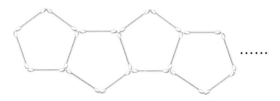

10 물탱크에 물이 400 L 들어 있습니다. 이 물을 1분에 5 L씩 사용할 때 사용한 시간 ●분과 물탱크에 남아 있는 물의 양 ■ L 사이의 대응 관계를 알아보려고 합니다. 표를 완성하고, 대응 관계를 식으로 나타내시오.

분(●)	0	1	2	3	4	……
남은 물의 양(■)						……

11 예슬이가 집을 떠난 지 12분 후에 언니가 예슬이를 만나기 위해 자전거를 타고 뒤따라갔습니다. 예슬이는 1분에 62 m씩 가고, 언니는 1분에 155 m씩 간다고 합니다. 언니가 출발한 지 몇 분 후에 언니와 예슬이는 만날 수 있겠습니까?

新 경향문제
12 서울이 오후 5시일 때 뉴욕은 같은날 오전 4시입니다. 서울에 사는 가영이는 7월 1일 오후 10시부터 8시간 동안 잠을 잤습니다. 가영이가 잠에서 깼을 때 뉴욕은 몇 월 며칠 몇 시입니까?

13

나무 막대를 □도막으로 자를 때, 자른 횟수와 쉬는 횟수를 각각 먼저 알아봅니다.

긴 나무 막대가 있습니다. 이 나무 막대를 20도막으로 자르려고 합니다. 나무 막대를 한 번 자르는 데 4분이 걸리고, 한 번 자르고 나면 1분씩 쉰다고 합니다. 20도막으로 자르는 데 모두 몇 시간 몇 분이 걸리겠습니까?

3 단원

14

도화지의 수와 누름 못의 수 사이의 대응 관계를 먼저 알아봅니다.

그림과 같이 누름 못을 사용하여 도화지를 게시판에 이어 붙이려고 합니다. 문구점에서 도화지를 한 묶음에 10장씩 700원에 팔고, 누름 못은 한 통에 20개씩 500원에 판다고 합니다. 도화지 27장을 붙이려면 필요한 돈은 얼마입니까?

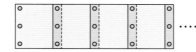

15

한별이네 모둠 학생들이 서로 한 번씩 씨름 경기를 하려고 합니다. 씨름 경기를 모두 45번 했다면 한별이네 모둠 학생은 모두 몇 명입니까?

新 경향문제

16

그림과 같이 사각형의 가로를 3등분, 세로를 2등분하여 작은 사각형을 만들어 가고 있습니다. 가장 작은 사각형이 1296개 만들어질 때는 몇 번째 그림입니까?

첫 번째   두 번째   세 번째

잠자리의 수와 잠자리 날개의 수 사이의 대응 관계를 알아 보려고 합니다. 물음에 답하시오. [1~2]

1 대응 관계를 표로 나타내어 보시오.

잠자리의 수(마리)	1	2	3	4	5
날개의 수(개)	4				

2 잠자리의 수와 잠자리 날개의 수 사이의 대응 관계를 써 보시오.

3 표를 보고 ■와 ▲ 사이의 대응 관계를 써 보시오.

■	7	14	21	28	35	42
▲	1	2	3	4	5	6

4 ●는 ▣보다 3 작은 수입니다. 표를 완성하시오.

▣	6		8	9		11	
●		4			7		9

보기와 같이 표를 보고 두 수 사이의 대응 관계를 2개의 식으로 나타내어 보시오. [5~6]

보기

■	1	2	3	4
▲	4	8	12	16

$$▲ = ■ × 4 \qquad ■ = ▲ ÷ 4$$

5

●	1	2	3	4	5
★	10	11	12	13	14

6

♥	4	5	6	7	8
■	8	10	12	14	16

7 정육각형의 수와 변의 수 사이의 대응 관계를 나타낸 표입니다. 빈칸에 알맞은 수를 써 넣으시오.

정육각형의 수(개)	1	2	3	4	5	6
변의 수(개)	6					

8 ◉＋▲＝19라는 대응 관계를 이용하여 표를 완성하시오.

◉	3	4	5	6	7	8
▲	16	15				

9 한 상자에 사과가 25개씩 들어 있다고 합니다. 상자 수를 ◉, 사과 수를 ▼라 할 때 ◉와 ▼ 사이의 대응 관계를 식으로 나타내어 보시오.

10 표를 완성하고 ■와 ▲ 사이의 대응 관계를 식으로 나타내어 보시오.

■	1	2	3	4	5	6
▲	1	3	5			

11 ■와 ♠ 사이의 대응 관계를 식으로 나타내고, ■가 100일 때 ♠의 값을 구하시오.

■	1	2	3	4	5	6	7
♠	2	5	8	11	14	17	20

■와 ★ 사이의 대응 관계를 나타낸 표입니다. 물음에 답하시오. **[12~13]**

■	1	2	3	4	5	6	7
★	2	6	10	14	18	22	26

12 ■와 ★ 사이의 대응 관계를 식으로 나타내어 보시오.

13 ■=9일 때의 ★의 값과 ★=46일 때의 ■의 값의 합은 얼마입니까?

14 그림과 같이 면봉으로 정사각형을 만들려고 합니다. 표를 완성하고, 정사각형 12개를 만드는 데 필요한 면봉은 몇 개인지 구하시오.

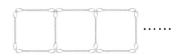

정사각형의 수(개)	1	2	3	4	5
면봉의 개수(개)					

15 한별이는 매일 수학 문제집은 7장씩, 국어 문제집은 5장씩 풉니다. 한별이가 문제집을 푼 날수를 ■, 푼 문제집의 장수를 ♥라 할 때 ■와 ♥ 사이의 대응 관계를 식을 나타내어 보시오.

16 물탱크에 물이 300 L 들어 있습니다. 1분에 3 L씩 사용한다면 사용한 시간 ●분과 물탱크에 남아 있는 물의 양 ◆ L 사이에는 어떤 대응 관계가 있는지 식으로 나타내어 보시오.

17 그림과 같이 마름모 모양으로 바둑돌을 놓으려고 합니다. 몇 번째에 놓이는 모양의 바둑돌의 수가 144개일 때 한 변에 놓이는 바둑돌의 수는 몇 개인지 구하시오.

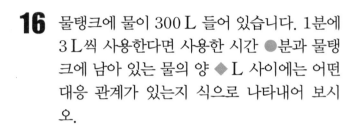

18 ●와 ▲ 사이의 대응 관계가 ▲＝●×4가 되는 예를 쓰고 표를 완성하시오.

●					
▲					

19 서울과 모스크바의 시각 사이의 대응 관계를 나타낸 표입니다. 모스크바의 시각이 9월 5일 오후 11시일 때 서울의 시각은 몇 월 며칠 몇 시인지 설명하시오.

서울	오전 10시	오전 11시	낮 12시
모스크바	오전 5시	오전 6시	오전 7시

20 긴 통나무를 쉬지 않고 잘라 9도막으로 나누려고 합니다. 통나무를 한 번 자르는 데 7분이 걸린다면 9도막으로 나누는 데 걸리는 시간은 몇 분인지 설명하시오.

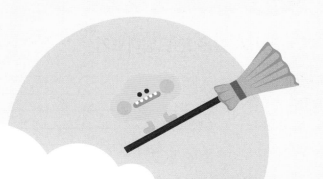

4 약분과 통분

step 1 개념 확인하기

1 크기가 같은 분수 알아보기

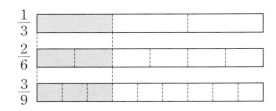

색칠한 부분의 크기를 비교하면 서로 같습니다. 따라서 $\frac{1}{3}$과 $\frac{2}{6}$와 $\frac{3}{9}$은 크기가 같습니다.

참고 크기가 같은 분수는 분수만큼 색칠했을 때 전체에 대한 색칠한 부분의 양이 같습니다.

2 크기가 같은 분수 만들기

• 분모와 분자에 0이 아닌 같은 수를 곱하면 크기가 같은 분수가 됩니다.

$$\frac{2}{3} = \frac{2 \times 2}{3 \times 2} = \frac{2 \times 3}{3 \times 3} = \frac{2 \times 4}{3 \times 4} = \cdots\cdots$$

• 분모와 분자를 0이 아닌 같은 수로 나누면 크기가 같은 분수가 됩니다. └→ 분모와 분자의 공약수로 나눕니다.

$$\frac{24}{32} = \frac{24 \div 2}{32 \div 2} = \frac{24 \div 4}{32 \div 4} = \frac{24 \div 8}{32 \div 8}$$

3 분수를 간단하게 나타내기

• 분모와 분자를 공약수로 나누어 간단히 하는 것을 약분한다고 합니다.

$$\frac{12}{16} = \frac{12 \div 2}{16 \div 2} = \frac{6}{8}, \quad \frac{12}{16} = \frac{12 \div 4}{16 \div 4} = \frac{3}{4}$$

• 분모와 분자의 공약수가 1뿐인 분수를 기약분수라고 합니다.
• 기약분수로 나타내기

방법 1 분모와 분자의 공약수가 1이 될 때까지 약분하기

$$\frac{4}{16} \Rightarrow \frac{\overset{2}{\cancel{4}}}{\underset{8}{\cancel{16}}} \Rightarrow \frac{\overset{1}{\cancel{4}}}{\underset{4}{\cancel{16}}} \Rightarrow \frac{1}{4}$$

방법 2 분모와 분자를 그들의 최대공약수로 나누기

$$\frac{12}{20} = \frac{12 \div 4}{20 \div 4} = \frac{3}{5}$$

확인문제

1 똑같이 색칠하여 보고, $\frac{2}{3}$와 크기가 같은 분수를 만들어 보시오.

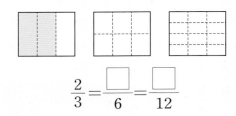

$$\frac{2}{3} = \frac{\square}{6} = \frac{\square}{12}$$

2 □ 안에 알맞은 수를 써넣으시오.

(1) $\dfrac{2}{5} = \dfrac{2 \times 4}{5 \times \square} = \dfrac{2 \times \square}{5 \times 7}$

(2) $\dfrac{6}{54} = \dfrac{6 \div \square}{54 \div 2} = \dfrac{6 \div 3}{54 \div \square}$

$\quad = \dfrac{6 \div \square}{54 \div 6}$

3 분수를 약분하시오.

(1) $\dfrac{13}{26} = \dfrac{13 \div 13}{26 \div \square} = \dfrac{1}{\square}$

(2) $\dfrac{16}{24} = \dfrac{16 \div \square}{24 \div 4} = \dfrac{\square}{\square}$

4 분수 중에서 기약분수를 모두 찾아 ○표 하시오.

$\frac{14}{15}$	$\frac{13}{48}$	$\frac{48}{60}$
$\frac{33}{51}$	$1\frac{17}{43}$	$2\frac{11}{21}$

4 통분 알아보기

- 분수의 분모를 같게 하는 것을 통분한다고 하며, 통분한 분모를 공통분모라고 합니다.
- 두 분수를 통분하는 방법

방법❶ 두 분모의 곱을 공통분모로 하여 통분하기

$$\left(\frac{5}{8}, \frac{7}{12}\right) \Rightarrow \left(\frac{5\times12}{8\times12}, \frac{7\times8}{12\times8}\right) \Rightarrow \left(\frac{60}{96}, \frac{56}{96}\right)$$

방법❷ 두 분모의 최소공배수를 공통분모로 하여 통분하기

$$\left(\frac{5}{8}, \frac{7}{12}\right) \Rightarrow \left(\frac{5\times3}{8\times3}, \frac{7\times2}{12\times2}\right) \Rightarrow \left(\frac{15}{24}, \frac{14}{24}\right)$$

5 분수의 크기 비교하기

(1) 두 분수의 크기를 비교할 때에는 통분하여 분모를 같게 한 다음 분자의 크기를 비교합니다.

$$\left(\frac{5}{7}, \frac{4}{9}\right) \Rightarrow \left(\frac{45}{63}, \frac{28}{63}\right) \Rightarrow \frac{5}{7} > \frac{4}{9}$$

(2) 분모가 다른 세 분수 $\left(\frac{7}{9}, \frac{2}{3}, \frac{4}{5}\right)$의 크기 비교

두 분수씩 차례로 통분하여 비교합니다.

$$\left(\frac{7}{9}, \frac{2}{3}\right) \Rightarrow \left(\frac{7}{9}, \frac{6}{9}\right) \Rightarrow \frac{7}{9} > \frac{2}{3}$$
$$\left(\frac{2}{3}, \frac{4}{5}\right) \Rightarrow \left(\frac{10}{15}, \frac{12}{15}\right) \Rightarrow \frac{2}{3} < \frac{4}{5}$$
$$\left(\frac{7}{9}, \frac{4}{5}\right) \Rightarrow \left(\frac{35}{45}, \frac{36}{45}\right) \Rightarrow \frac{7}{9} < \frac{4}{5}$$

$$\Rightarrow \frac{2}{3} < \frac{7}{9} < \frac{4}{5}$$

6 분수와 소수의 크기 비교하기

방법❶ 분수를 소수로 나타내어 크기를 비교하기

$$\frac{3}{5} = \frac{6}{10} = 0.6 \Rightarrow \frac{3}{5} > 0.5$$

방법❷ 소수를 분수로 나타내어 크기를 비교하기

$$0.5 = \frac{5}{10} \Rightarrow \frac{3}{5} > 0.5$$

확인문제

5 $\frac{5}{8}$와 $\frac{1}{6}$을 통분하려고 합니다. □ 안에 알맞은 수를 써넣으시오.

(1) 두 분모의 곱을 공통분모로 하여 통분하기

$$\left(\frac{5}{8}, \frac{1}{6}\right) \Rightarrow \left(\boxed{}, \boxed{}\right)$$

(2) 두 분모의 최소공배수를 공통분모로 하여 통분하기

$$\left(\frac{5}{8}, \frac{1}{6}\right) \Rightarrow \left(\boxed{}, \boxed{}\right)$$

6 두 분수의 크기를 비교하려고 합니다. □ 안에 알맞은 수를 써넣고 ○ 안에 >, =, <를 알맞게 써넣으시오.

$$\left(\frac{3}{5}, \frac{2}{7}\right) \Rightarrow \begin{cases} \dfrac{3}{5} = \dfrac{\boxed{}}{35} \\ \dfrac{2}{7} = \dfrac{\boxed{}}{\boxed{}} \end{cases}$$

$$\frac{3}{5} \bigcirc \frac{2}{7}$$

7 수 막대에 두 수의 크기만큼 색을 칠하고 크기를 비교하여 ○ 안에 >, =, <를 알맞게 써넣으시오.

$\frac{7}{8}$

0.8

$$\frac{7}{8} \bigcirc 0.8$$

8 두 수의 크기를 비교하여 ○ 안에 >, =, <를 알맞게 써넣으시오.

(1) $\frac{5}{8} \bigcirc 0.6$　　(2) $1.7 \bigcirc 1\frac{4}{5}$

유형 1 크기가 같은 분수 알아보기

$\dfrac{3}{4}$과 $\dfrac{6}{8}$의 크기가 같은지 알아보려고 합니다. 물음에 답하시오.

(1) $\dfrac{3}{4}$, $\dfrac{6}{8}$만큼 색칠하시오

$\dfrac{3}{4}$

$\dfrac{6}{8}$

(2) 두 분수의 크기는 서로 어떻습니까?

1-1 그림을 보고 □ 안에 알맞은 수를 써넣으시오.

12의 $\dfrac{1}{2}$

12의 $\dfrac{2}{4}$

12의 $\dfrac{3}{6}$

$\dfrac{1}{2} = \dfrac{\square}{4} = \dfrac{\square}{6}$

1-2 분수만큼 색칠하고, 크기가 같은 분수끼리 짝지어 □ 안에 써넣으시오.

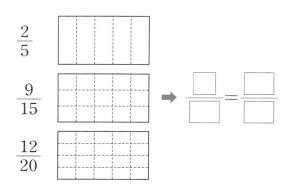

$\dfrac{2}{5}$

$\dfrac{9}{15}$

$\dfrac{12}{20}$

→ $\dfrac{\square}{\square} = \dfrac{\square}{\square}$

유형 2 크기가 같은 분수 만들기

□ 안에 알맞은 수를 써넣으시오.

(1) $\dfrac{1}{6} = \dfrac{5}{\square}$

(2) $\dfrac{3}{7} = \dfrac{12}{\square}$

(3) $\dfrac{12}{21} = \dfrac{\square}{7}$

(4) $\dfrac{14}{42} = \dfrac{\square}{3}$

2-1 다음 분수와 크기가 같은 분수를 분모가 가장 작은 것부터 차례로 3개씩 쓰시오.

(1) $\dfrac{3}{7}$

(2) $\dfrac{5}{11}$

2-2 분모와 분자를 같은 수로 나누어 $\dfrac{6}{18}$과 크기가 같은 분수를 모두 만들어 보시오.

2-3 왼쪽의 분수와 크기가 같은 분수를 모두 찾아 ○표 하시오.

(1) $\dfrac{4}{9}$ → $\dfrac{6}{12}$, $\dfrac{8}{18}$, $\dfrac{11}{24}$, $\dfrac{16}{36}$

(2) $\dfrac{14}{28}$ → $\dfrac{7}{10}$, $\dfrac{7}{14}$, $\dfrac{1}{2}$, $\dfrac{1}{4}$

유형 3 분수를 간단하게 나타내기(1)

$\dfrac{27}{36}$ 을 여러 가지 방법으로 약분하려고 합니다. ☐ 안에 알맞은 수를 써넣으시오.

(1) 27과 36의 공약수는 1, ☐, ☐입니다.

(2) 1이 아닌 공약수로 약분하시오.

· $\dfrac{27}{36} = \dfrac{27 \div \boxed{}}{36 \div 3} = \boxed{}$

· $\dfrac{27}{36} = \dfrac{27 \div \boxed{}}{36 \div \boxed{}} = \boxed{}$

3-1 $\dfrac{45}{105}$ 를 약분할 수 있는 수를 모두 고르시오.

① 2   ② 3   ③ 10

④ 15   ⑤ 25

3-2 ☐ 안에 알맞은 수를 써넣으시오.

(1) $\dfrac{9}{27} = \dfrac{\boxed{}}{3}$

(2) $\dfrac{20}{56} = \dfrac{5}{\boxed{}}$

(3) $\dfrac{11}{66} = \dfrac{1}{\boxed{}}$

(4) $\dfrac{56}{98} = \dfrac{\boxed{}}{7}$

3-3 $\dfrac{72}{96}$ 를 약분한 분수가 <u>아닌</u> 것은 어느 것입니까?

① $\dfrac{6}{8}$ ② $\dfrac{9}{12}$ ③ $\dfrac{12}{16}$

④ $\dfrac{15}{20}$ ⑤ $\dfrac{24}{32}$

유형 4 분수를 간단하게 나타내기(2)

$\dfrac{18}{30}$ 을 분모와 분자의 최대공약수를 이용하여 기약분수로 나타내시오.

18과 30의 최대공약수 : ☐

➡ $\dfrac{18}{30} = \dfrac{18 \div 6}{30 \div \boxed{}} = \boxed{}$

4
단원

4-1 기약분수를 모두 고르시오.

① $\dfrac{6}{8}$ ② $\dfrac{4}{9}$ ③ $\dfrac{8}{12}$

④ $\dfrac{13}{26}$ ⑤ $\dfrac{21}{47}$

4-2 보기와 같이 기약분수로 나타내시오.

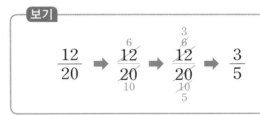

(1) $\dfrac{24}{42}$

(2) $\dfrac{15}{45}$

4-3 $\dfrac{54}{90}$ 를 한 번만 약분하여 분모가 가장 작은 분수로 나타내려면, 분모와 분자를 얼마로 나누어야 합니까?

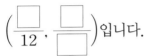

유형 5 통분 알아보기(1)

□ 안에 알맞은 수를 써넣으시오.

$$\frac{2}{3} = \frac{4}{\square} = \frac{\square}{9} = \frac{8}{\square} = \frac{10}{\square} = \cdots\cdots$$

$$\frac{3}{4} = \frac{\square}{8} = \frac{9}{\square} = \frac{\square}{16} = \frac{15}{\square} = \cdots\cdots$$

위에서 두 분수의 분모가 같은 것끼리 짝지으면

$$\left(\frac{\square}{12} , \frac{\square}{\square} \right)$$입니다.

이때, 공통분모는 $\square$ 입니다.

5-1 두 분수를 통분하시오.

(1) $\left(\dfrac{1}{6} , \dfrac{6}{7} \right)$

$\Rightarrow \left(\dfrac{\square}{42} , \dfrac{\square}{42} \right), \left(\dfrac{\square}{84} , \dfrac{\square}{\square} \right), \cdots\cdots$

(2) $\left(\dfrac{5}{6} , \dfrac{2}{9} \right)$

$\Rightarrow \left(\dfrac{\square}{18} , \dfrac{\square}{\square} \right), \left(\dfrac{30}{\square} , \dfrac{\square}{\square} \right), \cdots\cdots$

5-2 두 분수를 주어진 공통분모로 통분하시오.

(1) $\left(\dfrac{1}{2} , \dfrac{4}{5} \right) \Rightarrow \left(\dfrac{\square}{30} , \dfrac{\square}{30} \right)$

(2) $\left(\dfrac{3}{8} , \dfrac{7}{12} \right) \Rightarrow \left(\dfrac{\square}{48} , \dfrac{\square}{48} \right)$

유형 6 통분 알아보기(2)

□ 안에 알맞은 수를 써넣으시오.

(1) 분모의 곱을 공통분모로 하여 통분하시오.

$$\left(\frac{3}{4} , \frac{5}{6} \right) \Rightarrow \left(\boxed{} , \boxed{} \right)$$

(2) 분모의 최소공배수를 공통분모로 하여 통분 하시오.

$$\left(\frac{3}{4} , \frac{5}{6} \right) \Rightarrow \left(\boxed{} , \boxed{} \right)$$

6-1 두 분모의 곱을 공통분모로 하여 통분하시오.

(1) $\left(\dfrac{1}{3} , \dfrac{3}{4} \right)$ (2) $\left(\dfrac{7}{10} , \dfrac{4}{15} \right)$

6-2 $\dfrac{5}{12}$와 $\dfrac{3}{8}$을 통분하려고 합니다. 물음에 답 하시오.

(1) 공통분모가 될 수 있는 수를 가장 작은 수부터 3개 쓰시오.

(2) 두 분수를 가장 작은 공통분모로 통분하 시오.

6-3 $\left(\dfrac{7}{9} , \dfrac{5}{12} \right)$를 통분한 분수가 아닌 것을 모 두 찾아 기호를 쓰시오.

㉠ $\left(\dfrac{28}{36} , \dfrac{15}{36} \right)$	㉡ $\left(\dfrac{42}{48} , \dfrac{20}{48} \right)$
㉢ $\left(\dfrac{56}{72} , \dfrac{40}{72} \right)$	㉣ $\left(\dfrac{84}{108} , \dfrac{45}{108} \right)$

유형 7 **두 분수의 크기 비교하기**

□ 안에 알맞은 수를 써넣고, ○ 안에 >, =, <를 알맞게 써넣으시오.

$$\frac{2}{3} = \frac{\square}{21}$$

$$\frac{4}{7} = \frac{\square}{21}$$

→ $\frac{2}{3}$ ○ $\frac{4}{7}$

7-1 두 분수의 크기를 비교하여 ○ 안에 >, =, <를 알맞게 써넣으시오.

(1) $\frac{5}{6}$ ○ $\frac{4}{10}$ (2) $\frac{3}{8}$ ○ $\frac{7}{12}$

7-2 두 분수의 크기 비교가 올바르지 <u>않은</u> 것을 찾아 기호를 쓰시오.

㉠ $\frac{3}{4} > \frac{3}{5}$ ㉡ $\frac{5}{8} > \frac{17}{24}$

㉢ $\frac{7}{10} < \frac{11}{15}$ ㉣ $\frac{7}{9} < \frac{5}{6}$

7-3 두 분수 중 더 큰 분수에 ○표 하시오.

$$\frac{7}{18} , \frac{11}{24}$$

7-4 $\frac{2}{5}$ 보다 더 큰 분수를 찾아 기호를 쓰시오.

㉠ $\frac{2}{10}$ ㉡ $\frac{4}{15}$ ㉢ $\frac{9}{20}$ ㉣ $\frac{8}{25}$

7-5 $\frac{1}{4}$ 은 $\frac{2}{9}$ 보다 큽니다. 그 이유를 통분과 관련지어 설명하시오.

7-6 $\frac{2}{5}$ 보다 크고 $\frac{4}{9}$ 보다 작은 분수 중 분모가 45인 분수를 쓰시오.

7-7 지혜는 수학 공부를 $\frac{3}{4}$ 시간, 국어 공부를 $\frac{5}{6}$ 시간 동안 했습니다. 수학과 국어 중 어느 과목을 더 오래 공부했습니까?

7-8 상연이네 집에서 학교까지의 거리는 $\frac{3}{8}$ km 이고 은행까지의 거리는 $\frac{9}{20}$ km입니다. 학교와 은행 중 상연이네 집에서 더 먼 곳은 어디입니까?

4
단원

유형 8 세 분수의 크기 비교하기

세 분수 $\dfrac{3}{5}$, $\dfrac{7}{10}$, $\dfrac{5}{8}$의 크기를 비교하려고 합니다. □ 안에 알맞은 수를 써넣고, ○ 안에 >, =, <를 알맞게 써넣으시오.

$\left(\dfrac{3}{5},\ \dfrac{7}{10}\right) \rightarrow \left(\dfrac{\square}{10}\ \bigcirc\ \dfrac{\square}{10}\right)$

$\left(\dfrac{7}{10},\ \dfrac{5}{8}\right) \rightarrow \left(\dfrac{\square}{40}\ \bigcirc\ \dfrac{\square}{40}\right)$

$\left(\dfrac{3}{5},\ \dfrac{5}{8}\right) \rightarrow \left(\dfrac{\square}{40}\ \bigcirc\ \dfrac{\square}{40}\right)$

따라서 $\boxed{}$ > $\boxed{}$ > $\boxed{}$ 입니다.

8-1 세 분수의 크기를 비교하여 가장 작은 수부터 차례로 쓰시오.

$$\dfrac{3}{7} \qquad \dfrac{9}{10} \qquad \dfrac{4}{15}$$

8-2 가장 큰 분수에 ○표, 가장 작은 분수에 △표 하시오.

$$\dfrac{3}{4} \qquad \dfrac{7}{10} \qquad \dfrac{2}{5}$$

8-3 규형, 용희, 석기 세 사람의 가방 무게를 재었더니 다음과 같습니다. 누구의 가방이 가장 무겁습니까?

이름	규형	용희	석기
가방의 무게	$2\dfrac{3}{8}$ kg	$2\dfrac{2}{5}$ kg	$2\dfrac{11}{20}$ kg

8-4 □ 안에 넣을 수 있는 자연수를 모두 구하시오.

$$\dfrac{1}{4} < \dfrac{\square}{8} < \dfrac{9}{16}$$

8-5 다음은 분자가 모두 3으로 같은 세 분수입니다. 물음에 답하시오.

$$\dfrac{3}{5} \qquad \dfrac{3}{8} \qquad \dfrac{3}{10}$$

(1) 가장 큰 분수부터 차례로 써 보시오.

(2) 분자가 모두 같은 분수의 크기를 비교해 보고 알 수 있는 사실을 써 보시오.

8-6 동민, 예슬, 가영이는 모두 같은 양의 음료수를 가지고 있습니다. 음료수를 동민이는 $\dfrac{3}{4}$, 예슬이는 $\dfrac{4}{5}$, 가영이는 $\dfrac{5}{6}$만큼 마신다면 음료수를 가장 많이 마시는 사람은 누구입니까?

유형 9 분수와 소수의 크기 비교(1)─두 수

□ 안에 알맞은 수를 써넣고, 두 수의 크기를 비교하여 ○ 안에 >, <를 알맞게 써넣으시오.

$$0.9 = \frac{\boxed{}}{20}$$

$$\frac{3}{4} = \frac{\boxed{}}{20}$$

➡ $0.9 \bigcirc \frac{3}{4}$

9-1 분수를 소수로 고치고, 두 수의 크기를 비교하여 ○ 안에 >, =, <를 알맞게 써넣으시오.

(1) $\frac{17}{20} = \boxed{} \bigcirc 0.8$

(2) $0.29 \bigcirc \frac{37}{125} = \boxed{}$

9-2 두 수의 크기를 비교하여 ○ 안에 >, =, <를 알맞게 써넣으시오.

(1) $0.14 \bigcirc \frac{4}{25}$ (2) $1\frac{7}{20} \bigcirc 1.27$

9-3 $1\frac{12}{25}$ 보다 큰 소수를 모두 찾아 ○표 하시오.

| 1.12 | 1.48 | 1.5 | 1.25 | 1.79 |

9-4 집에서 도서관까지의 거리는 $1\frac{7}{25}$ km이고, 집에서 학교까지의 거리는 1.45 km입니다. 도서관과 학교 중 집에서 더 가까운 곳은 어디입니까?

유형 10 분수와 소수의 크기 비교(2)─세 수

$\frac{8}{25}$, 0.62, $\frac{11}{20}$ 의 크기를 비교하려고 합니다. 물음에 답하시오.

(1) $\frac{8}{25}$ 을 소수로 나타내시오.

(2) $\frac{11}{20}$ 을 소수로 나타내시오.

(3) $\frac{8}{25}$, 0.62, $\frac{11}{20}$ 중 가장 작은 수는 어느 것입니까?

10-1 가장 큰 수에 ○표, 가장 작은 수에 △표 하시오.

| $\frac{19}{200}$ | $\frac{1}{5}$ | 0.38 |

10-2 분수와 소수의 크기를 비교하여 가장 큰 수부터 차례로 쓰시오.

| $1\frac{33}{40}$ | 1.58 | $1\frac{3}{5}$ |

10-3 보영, 혜미, 아라가 사용한 지점토의 무게가 각각 다음과 같을 때, 지점토를 가장 많이 사용한 사람은 누구입니까?

보영	1.73 kg
혜미	$1\frac{3}{4}$ kg
아라	$1\frac{92}{125}$ kg

1 □ 안에 알맞은 수를 써넣으시오.

(1) $\dfrac{3}{8} = \dfrac{24}{\boxed{}}$

(2) $1\dfrac{7}{10} = \boxed{}\dfrac{\boxed{}}{40}$

(3) $\dfrac{8}{28} = \dfrac{2}{\boxed{}}$

(4) $3\dfrac{24}{56} = \boxed{}\dfrac{\boxed{}}{7}$

2 $\dfrac{9}{15}$ 와 크기가 같은 분수를 만들려고 합니다. 옳은 것을 모두 고르시오.

① $\dfrac{9 \times 0}{15 \times 0}$ ② $\dfrac{9 \times 4}{15 \times 4}$ ③ $\dfrac{9+5}{15+5}$

④ $\dfrac{9 \div 3}{15 \div 3}$ ⑤ $\dfrac{9 \div 9}{15 \div 9}$

3 $2\dfrac{28}{56}$ 과 크기가 다른 분수는 어느 것입니까?

① $2\dfrac{14}{28}$ ② $2\dfrac{7}{14}$ ③ $2\dfrac{10}{18}$

④ $2\dfrac{56}{112}$ ⑤ $2\dfrac{1}{2}$

4 분모와 분자를 같은 수로 나누어 왼쪽의 분수와 크기가 같은 분수를 만들려고 합니다. 빈 곳에 분모가 가장 작은 것부터 차례로 써넣으시오.

5 $\dfrac{18}{24}$ 의 분모와 분자를 같은 수로 나누어 크기가 같은 분수를 만들려고 합니다. 나눌 수 있는 자연수 중에서 1이 <u>아닌</u> 수를 모두 구하시오.

6 다음 분수들을 분모가 16인 분수로 나타내었을 때, 분자가 6의 배수인 것은 어느 것입니까?

① $\dfrac{1}{2}$ ② $\dfrac{7}{8}$ ③ $\dfrac{10}{32}$

④ $\dfrac{21}{48}$ ⑤ $\dfrac{48}{64}$

7 영수는 피자 한 판의 $\dfrac{1}{4}$ 을 먹었습니다. 웅이가 똑같은 크기의 피자 한 판을 크기가 같게 12조각으로 나누었다면 몇 조각을 먹어야 영수가 먹은 것과 양이 같아집니까?

8 $\dfrac{27}{36}$ 을 약분하여 나타낼 수 있는 분수를 모두 쓰시오.

9 기약분수에 모두 ◯표 하시오.

$$\frac{5}{9} \qquad \frac{12}{18} \qquad \frac{10}{21} \qquad \frac{3}{8} \qquad \frac{48}{60}$$

10 최대공약수를 사용하여 기약분수로 나타내려고 합니다. ☐ 안에 알맞은 수를 써넣으시오.

(1) $\frac{25}{45}$ ➡ 최대공약수 : ☐ , 기약분수 : ☐

(2) $\frac{32}{72}$ ➡ 최대공약수 : ☐ , 기약분수 : ☐

11 분수를 기약분수로 나타내시오.

(1) $\frac{45}{105}$ 　　　　 (2) $\frac{39}{169}$

12 분모가 12인 진분수 중에서 기약분수는 모두 몇 개입니까?

13 다음 중에서 $\frac{36}{54}$ 을 약분할 수 없는 수는 어느 것입니까?

① 3 　　　 ② 4 　　　 ③ 6
④ 9 　　　 ⑤ 18

14 기약분수끼리 짝지어진 것은 어느 것입니까?

① $\left(\frac{12}{14}, \frac{25}{35} \right)$ 　　 ② $\left(\frac{4}{6}, \frac{3}{4} \right)$

③ $\left(\frac{8}{11}, \frac{5}{20} \right)$ 　　 ④ $\left(\frac{4}{13}, \frac{8}{24} \right)$

⑤ $\left(\frac{3}{4}, \frac{5}{28} \right)$

15 분모가 18인 진분수 중에서 $\frac{1}{2}$ 보다 큰 기약분수를 모두 쓰시오.

16 $\frac{12}{42}$ 와 크기가 같은 분수를 모두 찾아 기호를 쓰시오.

㉠ $\frac{1}{3}$	㉡ $\frac{2}{14}$	㉢ $\frac{4}{14}$	㉣ $\frac{10}{30}$
㉤ $\frac{10}{35}$	㉥ $\frac{19}{49}$	㉦ $\frac{24}{56}$	㉧ $\frac{20}{70}$

17 다음 중 기약분수로 나타낼 때 분자가 1인 분수는 어느 것입니까?

① $\dfrac{9}{12}$　　② $\dfrac{10}{15}$　　③ $\dfrac{20}{25}$

④ $\dfrac{13}{52}$　　⑤ $\dfrac{55}{132}$

18 $\dfrac{7}{15}$ 과 크기가 같은 분수 중에서 분자가 20보다 크고, 분모가 100보다 작은 분수는 모두 몇 개입니까?

19 약분하여 $\dfrac{5}{9}$ 가 되는 분수 중에서 분모가 100에 가장 가까운 분수를 구하시오.

20 웅이네 학교 5학년 학생 304명 중에서 남학생은 176명입니다. 웅이네 학교 5학년 남학생 수는 5학년 전체 학생 수의 몇 분의 몇인지 기약분수로 나타내시오.

21 □ 안에 알맞은 말을 써넣으시오.

두 분수의 분모를 같게 하는 것을 [　　　]고 하며, 이때 같아진 분모를 [　　　]라고 합니다. 또, 공통분모가 되는 수는 두 분모의 [　　　] 입니다.

22 두 분모의 곱을 공통분모로 하여 통분하시오.

(1) $\left(\dfrac{5}{8},\ \dfrac{7}{12} \right)$　　　　(2) $\left(\dfrac{3}{10},\ \dfrac{1}{6} \right)$

23 $\left(\dfrac{4}{15},\ \dfrac{5}{9} \right)$ 를 통분하려고 합니다. 공통분모가 될 수 있는 수를 가장 작은 수부터 3개만 쓰시오.

24 $\dfrac{1}{6}$ 과 $\dfrac{3}{4}$ 을 통분하려고 합니다. 공통분모가 될 수 있는 수를 모두 찾아 쓰시오.

3	4	12	20	28	36

25 분모의 최소공배수를 공통분모로 하여 두 분수를 통분하시오.

(1) $\left(\dfrac{5}{6}, \dfrac{3}{10} \right)$ (2) $\left(\dfrac{2}{15}, \dfrac{5}{18} \right)$

26 어떤 두 분수를 통분한 것입니다. □ 안에 알맞은 수를 써넣으시오.

$$\left(\dfrac{6}{\Box}, \dfrac{2}{3} \right) \Rightarrow \left(\dfrac{36}{\Box}, \dfrac{\Box}{42} \right)$$

27 어떤 두 기약분수를 통분하였더니 $\dfrac{35}{40}$와 $\dfrac{36}{40}$이었습니다. 통분하기 전의 두 분수를 구하시오.

28 주어진 4장의 숫자 카드 중 2장을 골라 만들 수 있는 분수 중에서 가장 큰 분수와 가장 작은 분수를 분모의 최소공배수를 공통분모로 하여 통분하시오.

$$\boxed{2} \quad \boxed{5} \quad \boxed{7} \quad \boxed{9}$$

29 두 분수의 크기를 잘못 비교한 것은 어느 것입니까?

① $\dfrac{3}{4} > \dfrac{7}{10}$ ② $\dfrac{1}{4} > \dfrac{1}{5}$

③ $\dfrac{3}{8} < \dfrac{3}{5}$ ④ $\dfrac{11}{14} < \dfrac{5}{6}$

⑤ $\dfrac{10}{11} > \dfrac{12}{13}$

30 두 분수의 크기를 비교하여 ○ 안에 >, =, <를 알맞게 써넣으시오.

(1) $\dfrac{4}{7} \bigcirc \dfrac{3}{4}$ (2) $1\dfrac{9}{10} \bigcirc 1\dfrac{15}{16}$

31 짝지은 두 분수의 크기를 비교하여 더 큰 분수를 위쪽의 □ 안에 써넣으시오.

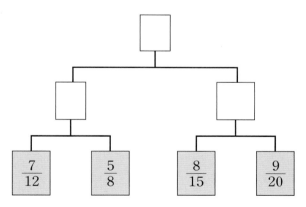

32 세 분수를 통분한 것입니다. □ 안에 알맞은 수를 써넣으시오.

$$\left(\dfrac{5}{\Box}, \dfrac{5}{\Box}, \dfrac{7}{\Box} \right) \Rightarrow \left(\dfrac{30}{36}, \dfrac{20}{36}, \dfrac{14}{36} \right)$$

33 세 분수의 크기를 비교하여 □ 안에 알맞은 분수를 써넣으시오.

(1) $\left(\dfrac{1}{3}, \dfrac{1}{5}, \dfrac{2}{9} \right)$

➡ □ > □ > □

(2) $\left(\dfrac{3}{5}, \dfrac{3}{10}, \dfrac{1}{6} \right)$

➡ □ < □ < □

34 세 분수의 크기를 비교하여 가장 큰 수부터 차례로 쓰시오.

$$\dfrac{3}{4} \qquad \dfrac{5}{7} \qquad \dfrac{7}{10}$$

35 주스 $\dfrac{5}{8}$ L와 우유 $\dfrac{11}{20}$ L가 있습니다. 주스와 우유 중 더 많이 있는 것은 무엇입니까?

36 한별이네 반은 학급 게시판의 $\dfrac{2}{5}$ 를 시간표로 꾸미고, 학급 게시판의 $\dfrac{8}{19}$ 을 그림으로 꾸몄습니다. 시간표와 그림 중에서 학급 게시판을 더 많이 차지한 것은 무엇입니까?

37 집에서 공원까지의 거리는 $1\dfrac{9}{20}$ km, 우체국까지의 거리는 $1\dfrac{2}{5}$ km입니다. 공원과 우체국 중 집에서 더 가까운 곳은 어디입니까?

新 경향문제

38 주어진 분수 카드 중 조건 을 모두 만족하는 분수를 찾으시오.

| $\dfrac{2}{5}$ | $\dfrac{11}{12}$ | $\dfrac{5}{9}$ | $\dfrac{7}{15}$ | $\dfrac{17}{20}$ |

조건
• $\dfrac{1}{2}$ 보다 큽니다.
• $\dfrac{3}{4}$ 보다 작습니다.

39 세 개의 물통 가, 나, 다에 물이 각각 $\dfrac{2}{5}$ L, $\dfrac{1}{8}$ L, $\dfrac{3}{4}$ L 들어 있습니다. 가장 적게 들어 있는 것부터 차례로 기호를 쓰시오.

가 $\dfrac{2}{5}$ L   나 $\dfrac{1}{8}$ L   다 $\dfrac{3}{4}$ L

40 어느 식물원에 서로 다른 화초를 심은 화분 ㉠, ㉡, ㉢이 있습니다. ㉠, ㉡, ㉢의 무게를 각각 달아 보니 $5\dfrac{1}{2}$ kg, $5\dfrac{13}{20}$ kg, $5\dfrac{3}{8}$ kg이었습니다. 가장 무거운 화분의 기호를 쓰시오.

41 $\dfrac{5}{9}$와 크기가 같은 분수 중에서 분모가 120에 가장 가까운 분수를 구하시오.

42 $\dfrac{1}{5}$의 분모에 15를 더하려고 합니다. 분수의 크기를 같게 하려면 분자에 얼마를 더해야 합니까?

新 경향문제

43 다음 표는 한별이네 반 학생들의 혈액형을 조사하여 나타낸 표입니다. AB형은 전체의 얼마인지 기약분수로 나타내시오.

혈액형	A	B	AB	O	합계
학생 수(명)	5	5	4	6	20

44 대분수와 소수의 크기 비교입니다. □ 안에 들어갈 수 있는 자연수를 모두 쓰시오.

$$3\dfrac{\square}{20} > 3.85$$

45 $\dfrac{1}{3}$보다 크고 $\dfrac{3}{4}$보다 작은 분수 중 분모가 24인 분수는 몇 개입니까?

46 분수를 보고 물음에 답하시오.

$$\dfrac{2}{3},\ \dfrac{2}{9},\ \dfrac{1}{2},\ \dfrac{7}{18}$$

(1) 분자를 2배 한 수가 분모보다 작으면 그 분수는 $\dfrac{1}{2}$보다 작습니다. 이를 이용하여 $\dfrac{1}{2}$보다 작은 분수를 모두 찾아 쓰시오.

(2) 주어진 분수를 가장 작은 것부터 차례로 쓰시오.

47 분수 $\dfrac{13}{20}$과 소수 0.67의 크기를 비교하여 어느 수가 더 큰지 알아보려고 합니다. 2가지 방법으로 설명하시오.

4 단원

1 $\dfrac{2}{5}$ 보다 크고 $\dfrac{7}{16}$ 보다 작은 분수 중에서 분모가 40인 분수를 쓰시오.

2 분모와 분자의 합이 36이고, 약분하여 $\dfrac{4}{5}$ 가 되는 분수를 구하시오..

新 경향**문제**

3 다음 중 두 번째로 큰 수는 무엇입니까?

$$\frac{6}{7} , \quad \frac{8}{9} , \quad \frac{4}{5} , \quad \frac{23}{24} , \quad \frac{17}{18}$$

$\dfrac{\blacksquare}{\blacktriangle}$의 분모와 분자를 ▲와 ■의 최대공약수로 나누면 기약분수가 됩니다.

4 어떤 분수 $\dfrac{\blacksquare}{\blacktriangle}$ 를 기약분수로 나타내면 $\dfrac{5}{12}$ 가 됩니다. ▲와 ■의 공약수가 1, 2, 4, 8일 때 분수 $\dfrac{\blacksquare}{\blacktriangle}$ 를 구하시오.

5 어떤 분수의 분모에서 7을 뺀 후, 3으로 약분하였더니 $\dfrac{1}{5}$이 되었습니다. 어떤 분수를 구하시오.

6 분모가 49인 진분수 중 기약분수인 것은 모두 몇 개입니까?

$$\dfrac{1}{49} \quad \dfrac{2}{49} \quad \dfrac{3}{49} \quad \cdots\cdots \quad \dfrac{47}{49} \quad \dfrac{48}{49}$$

분자와 분모의 차가 일정함을 이용합니다.

7 다음은 분수를 어떤 규칙에 의해 나열한 것입니다. 약분하여 $\dfrac{3}{5}$이 되는 분수는 몇 번째입니까?

$$\dfrac{5}{21}, \quad \dfrac{6}{22}, \quad \dfrac{7}{23}, \quad \dfrac{8}{24}, \quad \cdots\cdots$$

8 □ 안에 들어갈 수 있는 자연수를 모두 구하시오.

$$\dfrac{7}{24} > \dfrac{\square}{16}$$

9 5장의 숫자 카드 2, 3, 5, 7, 9 중에서 2장을 골라 2보다 큰 분수를 만들려고 합니다. 만들 수 있는 분수 중에서 가장 작은 분수를 구하시오.

10 $\dfrac{35}{120}$의 분모에서 24를 빼고 분자에서 얼마를 뺐더니 분수의 크기는 변하지 않았습니다. 분자에서 뺀 수를 구하시오.

11 분모와 분자의 최소공배수가 60이고, 기약분수로 나타내면 $\dfrac{3}{4}$이 되는 분수를 구하시오.

분자를 같게하여 분수의 크기를 비교합니다.

12 □ 안에 들어갈 수 있는 자연수는 모두 몇 개입니까?

$$\dfrac{7}{11} < \dfrac{8}{\square} < 1$$

13 $\frac{5}{8}$ 와 크기가 같은 분수 중에서 분모가 두 자리 수인 분수는 모두 몇 개입니까?

14 다음 수를 수직선 위에 나타낼 때 가장 왼쪽에 있는 수는 어떤 수입니까?

$$\frac{13}{25} \quad 0.58 \quad \frac{4}{5} \quad \frac{117}{200} \quad 0.675$$

15 다음 식에서 두 수 ㉮와 ㉯ 중 어느 것이 얼마나 더 큽니까?

$$㉮-0.8=㉯-\frac{21}{25}$$

16 ☐ 안에 들어갈 수 있는 가장 큰 자연수를 구하시오.

$$5.32>5\frac{\square}{40}$$

01

수직선 한 칸의 크기가 얼마인지 먼저 알아봅니다.

다음 수직선에서 ㉮에 알맞은 분수를 기약분수로 나타내시오.

$$\frac{1}{7} \qquad\qquad ㉮ \qquad\qquad\qquad \frac{1}{6}$$

02

$\frac{2}{7}$의 분자에 10을 더하려고 합니다. 분수의 크기를 같게 하려면 분모에는 얼마를 더해야 합니까?

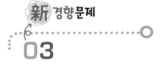

03

분수 카드를 보고 가장 작은 수부터 차례로 쓰시오.

$$\frac{7}{8} \qquad \frac{25}{36} \qquad \frac{52}{115} \qquad \frac{27}{40}$$

04

분모와 분자의 차가 같은 진분수 끼리는 분모가 클수록 큰 분수입니다.

예 $\frac{1}{2} < \frac{2}{3}$

지혜, 상연, 동민이는 똑같은 금액의 용돈을 받았습니다. 며칠 후 남은 용돈을 알아보니 지혜는 받은 용돈의 $\frac{1}{23}$, 상연이는 받은 용돈의 $\frac{1}{24}$, 동민이는 받은 용돈의 $\frac{1}{27}$이었습니다. 용돈을 가장 많이 쓴 사람부터 이름을 쓰시오.

05 5장의 숫자 카드 중에서 2장을 뽑아 분수를 만들려고 합니다. 분수의 크기가 2보다 작은 분수 중 가장 큰 분수를 만드시오.

$$\boxed{3}, \boxed{4}, \boxed{7}, \boxed{9}, \boxed{6}$$

新 경향문제

06 ㉠과 ㉡에 공통으로 들어갈 수 있는 수를 구하시오.

$$\frac{3}{5} < \frac{4}{㉠} < \frac{6}{7} \qquad \frac{1}{6} < \frac{㉡}{12} < \frac{1}{2}$$

07 기약분수인 두 진분수를 통분한 것입니다. □ 안에 들어갈 수 있는 수를 구하시오.

$$\left(\frac{5}{8}, \frac{9}{●}\right) \Rightarrow \left(\frac{30}{48}, \frac{□}{48}\right)$$

08 $\dfrac{㉡}{㉠ \times ㉠} = \dfrac{1}{180}$ 입니다. ㉠, ㉡에 알맞은 가장 작은 자연수를 각각 구하시오.

○ 6 ─── 6학 1
09

분자를 같게 하여 크기를 비교합니다.

분수를 가장 작은 수부터 차례로 늘어놓은 것입니다. ㉠이 될 수 있는 수 중 가장 큰 수와 ㉡이 될 수 있는 수 중 가장 작은 수의 차를 구하시오.

$$\frac{2}{3} \qquad \frac{4}{㉠} \qquad \frac{4}{3} \qquad \frac{7}{㉡} \qquad \frac{14}{3}$$

○ ───
10

세 분수의 크기를 비교하여 가장 큰 수부터 차례로 쓰시오.

$$\frac{6}{121}, \ \frac{4}{169}, \ \frac{5}{147}$$

○ ───
11

분모가 40인 진분수 중 기약분수가 <u>아닌</u> 분수는 모두 몇 개입니까?

$$\frac{1}{40} \qquad \frac{2}{40} \qquad \frac{3}{40} \quad \text{······} \quad \frac{38}{40} \qquad \frac{39}{40}$$

○ ───
12

$\frac{1}{3}$과 $\frac{1}{2}$을 통분하였을 때, 두 분수 사이에 분모가 같은 세 분수가 존재하는 경우를 찾습니다.

$\frac{1}{3}$과 $\frac{1}{2}$ 사이에 3개의 기약분수를 넣어 5개의 분수를 통분하였더니 5개의 분수의 분자가 연속한 자연수가 되었습니다. 이때 $\frac{1}{3}$과 $\frac{1}{2}$ 사이에 넣은 3개의 기약분수를 구하시오.

13

분수 ㉮를 분자에서 1, 분모에서 3을 뺀 후 2로 약분하면 $\dfrac{3}{4}$ 이 됩니다. 분수 ㉯는 분모와 분자의 합이 22이고, 분모는 분자의 2배보다 5 작은 수입니다. ㉮와 ㉯ 중 어느 분수가 더 큽니까?

14

$\dfrac{8}{21}$ 과 $\dfrac{8}{11}$ 사이의 분수 중에서 분자가 2인 기약분수를 모두 구하시오.

분자가 같은 수의 크기 비교를 이용합니다.

15

$\dfrac{2}{5}$ 와 0.625 사이의 수 중에서 분모가 80인 기약분수는 모두 몇 개입니까?

소수를 분수로 고친 다음 크기가 같은 분수를 이용합니다.

16

4장의 숫자 카드 4 , 5 , 6 , 7 중 3장을 뽑아 □ 안에 넣어 식이 성립하도록 하는 경우는 모두 몇 가지입니까?

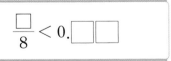

$$\dfrac{\square}{8} < 0.\square\square$$

1 □ 안에 알맞은 수를 써넣으시오.

$$\frac{\Box}{7} = \frac{16}{28} = \frac{48}{\Box}$$

5 기약분수로 나타내시오.

(1) $\frac{12}{48}$　　　　　(2) $\frac{42}{49}$

2 분수 중에서 $\frac{24}{36}$ 와 크기가 같은 분수를 모두 찾아 ○표 하시오.

$$\frac{4}{6}, \quad \frac{2}{4}, \quad \frac{12}{20}, \quad \frac{18}{27}, \quad \frac{1}{2}$$

6 $\left(\frac{5}{6}, \frac{7}{9}\right)$을 통분할 때 공통분모가 될 수 없는 수를 찾아 기호를 쓰시오.

ㄱ 18　　ㄴ 27　　ㄷ 36　　ㄹ 54

3 분수를 약분하시오.

(1) $\frac{35}{50} = \frac{7}{\Box}$　　　(2) $\frac{60}{96} = \frac{\Box}{16}$

4 기약분수가 아닌 것은 어느 것입니까?

① $\frac{7}{9}$　　② $\frac{3}{22}$　　③ $\frac{6}{25}$

④ $\frac{14}{35}$　　⑤ $\frac{27}{50}$

7 두 분모의 최소공배수를 공통분모로 하여 통분하시오.

$\frac{4}{9}$　　$\frac{13}{15}$

8 왼쪽의 두 분수를 통분하였더니 오른쪽과 같이 되었습니다. □ 안에 알맞은 수를 써넣으시오.

$$\left(\dfrac{\square}{14}, \dfrac{16}{\square} \right) \Rightarrow \left(\dfrac{30}{84}, \dfrac{64}{\square} \right)$$

9 두 수의 크기를 비교하여 ○ 안에 >, =, <를 알맞게 써넣으시오.

(1) $\dfrac{11}{20}$ ○ 0.6

(2) 0.4 ○ $\dfrac{9}{25}$

10 짝지은 두 분수의 크기를 비교하여 더 큰 분수를 위쪽의 빈 곳에 써넣으시오.

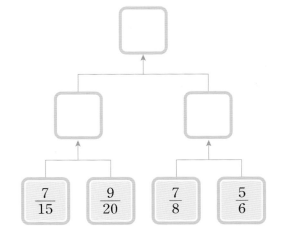

11 한별이와 석기는 각각 똑같은 크기의 케이크를 가지고 있습니다. 한별이는 케이크의 $\dfrac{3}{8}$ 을 먹으려고 합니다. 석기가 케이크를 16조각으로 똑같이 나누었다면, 몇 조각을 먹어야 한별이가 먹는 양과 같아집니까?

12 분모가 15인 진분수 중에서 기약분수는 모두 몇 개입니까?

13 $\dfrac{7}{19}$ 의 분모에 19를 더하여도 크기가 같아지려면 분자에는 얼마를 더해야 합니까?

14 분모와 분자의 합이 98이고, 약분하면 $\dfrac{1}{6}$ 이 되는 분수를 구하시오.

15 다음 그림은 집에서 우체국, 서점, 학교까지의 거리를 나타낸 것입니다. 집에서 가장 먼 거리에 있는 곳은 어디입니까?

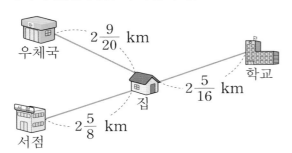

16 5장의 숫자 카드 중에서 2장을 뽑아 진분수를 만들 때, 가장 큰 분수를 구하시오.

17 □ 안에 알맞은 자연수를 써넣으시오.

$$\frac{6}{7} < \frac{36}{\boxed{}} < \frac{8}{9}$$

18 세 분수 $\frac{3}{11}$, $\frac{7}{22}$, $\frac{5}{44}$ 가 있습니다. 세 분수 중 가장 큰 분수는 어느 것인지 구하는 과정을 설명하시오.

19 □ 안에 들어갈 수 있는 수를 가장 작은 자연수부터 3개 쓰고, 구하는 과정을 설명하시오.

$$\frac{\boxed{}}{7} > 3\frac{3}{4}$$

20 $\frac{7}{25}$ 보다 크고 $\frac{3}{5}$ 보다 작은 분수 중 분모가 25인 기약분수는 몇 개인지 설명하시오.

5 분수의 덧셈과 뺄셈

1 받아올림이 없는 진분수의 덧셈 알아보기

(1) 받아올림이 없는 진분수의 덧셈

분모가 다른 진분수의 덧셈은 분수를 통분하여 계산합니다.

$$\frac{1}{2} + \frac{1}{3} = \frac{3}{6} + \frac{2}{6} = \frac{5}{6}$$

(2) 분모가 다른 분수의 통분과 계산 방법

방법 1 분모의 곱을 공통분모로 하여 통분한 다음, 합을 구합니다.

$$\frac{1}{6} + \frac{3}{8} = \frac{1 \times 8}{6 \times 8} + \frac{3 \times 6}{8 \times 6} = \frac{8}{48} + \frac{18}{48} = \frac{\overset{13}{26}}{\underset{24}{48}} = \frac{13}{24}$$

방법 2 분모의 최소공배수를 공통분모로 하여 통분한 다음, 합을 구합니다.

$$\frac{1}{6} + \frac{3}{8} = \frac{1 \times 4}{6 \times 4} + \frac{3 \times 3}{8 \times 3} = \frac{4}{24} + \frac{9}{24} = \frac{13}{24}$$

2 받아올림이 있는 진분수, 가분수의 덧셈 알아보기

✽ 받아올림이 있는 진분수, 가분수의 덧셈

$$\frac{7}{10} + \frac{5}{6} = \frac{21}{30} + \frac{25}{30} = \frac{46}{30} = 1\frac{16}{30} = 1\frac{8}{15}$$

$$\frac{8}{5} + \frac{7}{4} = \frac{32}{20} + \frac{35}{20} = \frac{67}{20} = 3\frac{7}{20}$$

$$\frac{3}{5} + \frac{5}{3} = \frac{9}{15} + \frac{25}{15} = \frac{34}{15} = 2\frac{4}{15}$$

3 대분수의 덧셈 알아보기

(1) 받아올림이 없는 대분수의 덧셈

자연수는 자연수끼리, 분수는 분수끼리 더합니다.

$$2\frac{2}{3} + 3\frac{1}{4} = 2\frac{8}{12} + 3\frac{3}{12} = (2+3) + \left(\frac{8}{12} + \frac{3}{12}\right)$$
$$= 5 + \frac{11}{12} = 5\frac{11}{12}$$

(2) 받아올림이 있는 대분수의 덧셈

• 자연수는 자연수끼리, 분수는 분수끼리 더한 다음, 분수의 합이 가분수가 되면 가분수를 대분수로 고쳐서 자연수와 더합니다.

$$3\frac{2}{3} + 4\frac{3}{4} = 3\frac{8}{12} + 4\frac{9}{12} = (3+4) + \left(\frac{8}{12} + \frac{9}{12}\right)$$
$$= 7 + \frac{17}{12} = 7 + 1\frac{5}{12} = 8\frac{5}{12}$$

• 가분수로 고쳐서 계산합니다.

$$3\frac{2}{3} + 4\frac{3}{4} = \frac{11}{3} + \frac{19}{4} = \frac{44}{12} + \frac{57}{12} = \frac{101}{12} = 8\frac{5}{12}$$

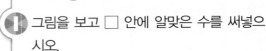

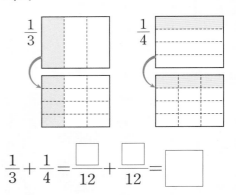 그림을 보고 □ 안에 알맞은 수를 써넣으시오.

$\dfrac{1}{3}$ $\dfrac{1}{4}$

$$\frac{1}{3} + \frac{1}{4} = \frac{\boxed{}}{12} + \frac{\boxed{}}{12} = \boxed{}$$

② □ 안에 알맞은 수를 써넣으시오.

$$\frac{8}{6} + \frac{11}{8} = \frac{8 \times \boxed{}}{6 \times 4} + \frac{11 \times \boxed{}}{8 \times 3}$$

$$= \frac{\boxed{}}{24} + \frac{\boxed{}}{24} = \boxed{}\frac{\boxed{}}{24}$$

③ □ 안에 알맞은 수를 써넣으시오.

(1) $4\dfrac{2}{3} + 3\dfrac{1}{5} = 4\dfrac{\boxed{}}{15} + 3\dfrac{\boxed{}}{15}$

$$= (4+3) + \left(\frac{\boxed{}}{15} + \frac{\boxed{}}{15}\right)$$

$$= \boxed{} + \frac{\boxed{}}{15} = \boxed{}$$

(2) $1\dfrac{4}{7} + 2\dfrac{5}{9} = 1\dfrac{\boxed{}}{63} + 2\dfrac{\boxed{}}{63}$

$$= (1+2) + \left(\frac{\boxed{}}{63} + \frac{\boxed{}}{63}\right)$$

$$= \boxed{} + \frac{\boxed{}}{63}$$

$$= \boxed{} + 1\frac{\boxed{}}{63} = \boxed{}$$

4 진분수의 뺄셈 알아보기

✳ 진분수의 뺄셈

방법1 분모의 곱을 공통분모로 통분하여 차를 구합니다.

$$\frac{1}{6}-\frac{1}{8}=\frac{1\times8}{6\times8}-\frac{1\times6}{8\times6}=\frac{8}{48}-\frac{6}{48}=\frac{\overset{1}{\cancel{2}}}{\underset{24}{\cancel{48}}}=\frac{1}{24}$$

방법2 분모의 최소공배수를 공통분모로 통분하여 차를 구합니다.

$$\frac{1}{6}-\frac{1}{8}=\frac{1\times4}{6\times4}-\frac{1\times3}{8\times3}=\frac{4}{24}-\frac{3}{24}=\frac{1}{24}$$

5 받아내림이 없는 대분수의 뺄셈 알아보기

(1) 받아내림이 없는 대분수의 뺄셈

분모를 통분한 후 자연수는 자연수끼리, 분수는 분수끼리 뺍니다.

$$8\frac{3}{4}-3\frac{4}{9}=8\frac{27}{36}-3\frac{16}{36}=(8-3)+\left(\frac{27}{36}-\frac{16}{36}\right)$$
$$=5+\frac{11}{36}=5\frac{11}{36}$$

(2) 받아내림이 없는 (대분수)−(진분수)의 계산

분모를 통분한 뒤 자연수는 그대로 쓰고, 분수 부분끼리만 빼서 구합니다.

$$3\frac{4}{5}-\frac{5}{8}=3\frac{32}{40}-\frac{25}{40}=3+\left(\frac{32}{40}-\frac{25}{40}\right)=3\frac{7}{40}$$

6 받아내림이 있는 대분수의 뺄셈 알아보기

(1) 받아내림이 있는 대분수의 뺄셈

방법1 진분수 부분끼리 뺄 수 없을 때에는 자연수에서 1을 받아내림 한 다음 자연수는 자연수끼리, 분수는 분수끼리 뺍니다.

$$3\frac{2}{5}-1\frac{7}{10}=3\frac{4}{10}-1\frac{7}{10}=2\frac{14}{10}-1\frac{7}{10}$$
$$=(2-1)+\left(\frac{14}{10}-\frac{7}{10}\right)=1+\frac{7}{10}=1\frac{7}{10}$$

방법2 대분수를 가분수로 고친 다음 통분하여 계산합니다.

$$3\frac{2}{5}-1\frac{7}{10}=\frac{17}{5}-\frac{17}{10}=\frac{34}{10}-\frac{17}{10}=\frac{17}{10}=1\frac{7}{10}$$

(2) 받아내림이 있는 (대분수)−(진분수)의 계산

자연수 부분에서 1을 받아내림한 뒤 계산합니다.

$$3\frac{1}{4}-\frac{7}{8}=3\frac{2}{8}-\frac{7}{8}=2\frac{10}{8}-\frac{7}{8}=2\frac{3}{8}$$

확인문제

4 □ 안에 알맞은 수를 써넣으시오.

$$\frac{5}{6}-\frac{7}{9}=\frac{5\times\square}{6\times3}-\frac{7\times\square}{9\times2}$$
$$=\frac{\square}{18}-\frac{\square}{18}=\square$$

5 □ 안에 알맞은 수를 써넣으시오.

$$9\frac{3}{5}-3\frac{1}{4}=9\frac{\square}{20}-3\frac{\square}{20}$$
$$=(9-3)+\left(\frac{\square}{20}-\frac{\square}{20}\right)$$
$$=6+\frac{\square}{20}=\square$$

6 □ 안에 알맞은 수를 써넣으시오.

(1) $$4\frac{1}{2}-2\frac{2}{3}=4\frac{\square}{6}-2\frac{4}{6}$$
$$=3\frac{\square}{6}-2\frac{4}{6}$$
$$=1+\frac{\square}{6}=\square$$

(2) $$6\frac{1}{3}-2\frac{3}{8}=6\frac{\square}{24}-2\frac{9}{\square}$$
$$=5\frac{\square}{24}-2\frac{9}{\square}$$
$$=\square+\frac{\square}{24}=\square$$

(3) $$7\frac{3}{8}-\frac{4}{5}=7\frac{\square}{40}-\frac{\square}{40}$$
$$=\square\frac{\square}{40}-\frac{\square}{40}$$
$$=\square+\frac{\square}{40}=\square$$

5 단원

step 2 기본 유형익히기

| 유형 1 | 받아올림이 없는 진분수의 덧셈 알아보기 |

분모의 곱을 이용하여 통분한 후 계산한 것입니다. □ 안에 알맞은 수를 써넣으시오.

$$\frac{5}{6} + \frac{1}{7} = \frac{5 \times \square}{6 \times 7} + \frac{1 \times \square}{7 \times 6}$$

$$= \frac{\square}{42} + \frac{\square}{42} = \frac{\square}{42}$$

1-1 계산을 하시오.

(1) $\frac{3}{5} + \frac{2}{7}$

(2) $\frac{3}{10} + \frac{4}{15}$

1-2 계산 결과를 비교하여 ○ 안에 >, =, < 를 알맞게 써넣으시오.

$$\frac{1}{5} + \frac{1}{4} \quad \bigcirc \quad \frac{5}{12} + \frac{1}{8}$$

1-3 다음이 나타내는 수를 구하시오.

$$\frac{4}{21} \text{보다} \frac{1}{12} \text{큰 수}$$

| 유형 2 | 받아올림이 있는 진분수, 가분수의 덧셈 알아보기 |

분모의 최소공배수를 이용하여 통분한 후 계산한 것입니다. □ 안에 알맞은 수를 써넣으시오.

$$\frac{9}{10} + \frac{5}{6} = \frac{9 \times \square}{10 \times 3} + \frac{5 \times \square}{6 \times \square}$$

$$= \frac{\square}{30} + \frac{\square}{30} = 1\frac{\square}{30} = \square$$

2-1 □ 안에 알맞은 수를 써넣으시오.

$$\frac{4}{9} + \frac{5}{6} = \frac{4 \times 2}{9 \times \square} + \frac{5 \times \square}{6 \times \square}$$

$$= \frac{\square}{18} + \frac{\square}{18}$$

$$= \frac{\square}{18} = \square$$

2-2 $\frac{5}{8} + \frac{5}{6}$ 를 분모의 곱을 이용하여 통분한 후 계산해 보시오.

2-3 $\frac{8}{15} + \frac{11}{18}$ 을 분모의 최소공배수를 이용하여 통분한 후 계산해 보시오.

2-4 계산을 하시오.

(1) $\dfrac{7}{9} + \dfrac{8}{15}$

(2) $\dfrac{5}{3} + \dfrac{9}{5}$

유형 3 받아올림이 없는 대분수의 덧셈 알아보기

분수의 덧셈을 하시오.

(1) $1\dfrac{1}{4} + 2\dfrac{1}{6} = \boxed{} + \dfrac{\boxed{}}{12} = \boxed{}$

(2) $4\dfrac{1}{4} + 3\dfrac{2}{5} = \boxed{} + \dfrac{\boxed{}}{20} = \boxed{}$

5
단원

2-5 계산 결과가 가장 큰 것의 기호를 쓰시오.

$\bigcirc\ \dfrac{3}{5} + \dfrac{5}{8}\qquad \bigcirc\ \dfrac{5}{6} + \dfrac{8}{15}\qquad \bigcirc\ \dfrac{2}{3} + \dfrac{11}{20}$

3-1 빈칸에 알맞은 수를 써넣으시오.

+	$1\dfrac{1}{4}$	$2\dfrac{8}{15}$
$3\dfrac{5}{12}$		

2-6 어떤 분수에서 $\dfrac{7}{9}$을 뺐더니 $\dfrac{16}{27}$이 되었습니다. 어떤 분수를 구하시오.

3-2 관계있는 것끼리 선으로 이으시오.

$2\dfrac{3}{7} + 3\dfrac{1}{3}$ •

$1\dfrac{5}{8} + 3\dfrac{3}{10}$ •

• $4\dfrac{37}{40}$

• $5\dfrac{16}{21}$

• $4\dfrac{43}{80}$

2-7 어머니께서 딸기를 $\dfrac{5}{8}$ kg, 방울토마토를 $\dfrac{7}{10}$ kg 사 오셨습니다. 어머니께서 사 오신 딸기와 방울토마토의 무게는 모두 몇 kg인지 구하시오.

3-3 색 테이프를 효근이는 $8\dfrac{3}{10}$ m, 한솔이는 $6\dfrac{2}{5}$ m 가지고 있습니다. 효근이와 한솔이가 가지고 있는 색 테이프는 모두 몇 m입니까?

유형 4 받아올림이 있는 대분수의 덧셈 알아보기

□ 안에 알맞은 수를 써넣으시오.

$$1\frac{3}{8}+2\frac{5}{6}=\frac{\boxed{}}{8}+\frac{\boxed{}}{6}$$

$$=\frac{\boxed{}}{24}+\frac{\boxed{}}{24}$$

$$=\frac{\boxed{}}{24}=\boxed{}$$

4-1 □ 안에 알맞은 수를 써넣으시오.

$$2\frac{4}{5}+3\frac{9}{10}=2\frac{\boxed{}}{10}+3\frac{9}{10}$$

$$=(2+\boxed{})+\left(\frac{\boxed{}}{10}+\frac{9}{10}\right)$$

$$=\boxed{}+\frac{\boxed{}}{10}$$

$$=\boxed{}+\boxed{}\frac{\boxed{}}{10}=\boxed{}$$

4-2 보기 와 같은 방법으로 덧셈을 하시오.

보기
$$1\frac{5}{6}+2\frac{1}{3}=1\frac{5}{6}+2\frac{2}{6}=3\frac{7}{6}=4\frac{1}{6}$$

(1) $4\frac{9}{10}+5\frac{7}{12}$

(2) $6\frac{11}{12}+9\frac{4}{9}$

4-3 빈 곳에 알맞은 수를 써넣으시오.

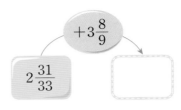

4-4 계산 결과가 더 작은 것의 기호를 쓰시오.

$$\textcircled{\small ㄱ}\ 3\frac{5}{8}+2\frac{1}{2} \qquad \textcircled{\small ㄴ}\ 1\frac{3}{10}+4\frac{11}{15}$$

4-5 예슬이와 상연이는 각자 가지고 있는 수 카드를 모두 사용하여 가장 작은 대분수를 만들려고 합니다. 두 사람이 만들 수 있는 가장 작은 대분수의 합을 구하시오.

4-6 쌀 빵 $2\frac{3}{5}$ kg과 쌀 과자 $1\frac{5}{8}$ kg이 있습니다. 쌀 빵과 쌀 과자를 모두 더한 무게는 몇 kg인지 구하시오.

유형 5 진분수의 뺄셈 알아보기

$\dfrac{5}{8}-\dfrac{5}{12}$ 를 계산하는 과정입니다. □ 안에 알맞은 수를 써넣으시오.

$$\dfrac{5}{8}-\dfrac{5}{12}=\dfrac{5\times\square}{8\times 3}-\dfrac{5\times\square}{12\times 2}$$
$$=\dfrac{\square}{24}-\dfrac{\square}{24}=\dfrac{\square}{24}$$

5-1 계산을 하시오.

(1) $\dfrac{4}{5}-\dfrac{1}{2}$

(2) $\dfrac{5}{6}-\dfrac{3}{8}$

5-2 □ 안에 알맞은 수를 써넣으시오.

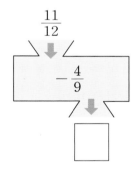

5-3 가영이네 집에는 참기름이 $\dfrac{5}{8}$ L, 들기름이 $\dfrac{13}{20}$ L 있습니다. 참기름과 들기름 중에서 어느 것이 몇 L 더 많습니까?

유형 6 받아내림이 없는 대분수의 뺄셈 알아보기

□ 안에 알맞은 수를 써넣으시오.

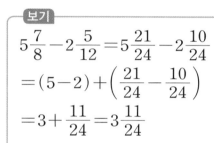

$$3\dfrac{2}{3}-1\dfrac{1}{4}=3\dfrac{\square}{12}-1\dfrac{\square}{12}$$
$$=\left(\square-\square\right)+\left(\dfrac{\square}{12}-\dfrac{\square}{12}\right)$$
$$=\square+\dfrac{\square}{12}=\square\dfrac{\square}{12}$$

6-1 보기 와 같은 방법으로 계산해 보시오.

보기

$$5\dfrac{7}{8}-2\dfrac{5}{12}=5\dfrac{21}{24}-2\dfrac{10}{24}$$
$$=(5-2)+\left(\dfrac{21}{24}-\dfrac{10}{24}\right)$$
$$=3+\dfrac{11}{24}=3\dfrac{11}{24}$$

$$3\dfrac{5}{6}-1\dfrac{4}{9}$$

6-2 대분수를 가분수로 고친 다음 통분하여 계산하시오.

$$2\dfrac{7}{12}-1\dfrac{5}{18}$$

6-3 계산을 하시오.

(1) $5\frac{7}{10} - 3\frac{1}{3}$

(2) $7\frac{5}{6} - 3\frac{3}{8}$

6-4 빈 곳에 알맞은 수를 써넣으시오.

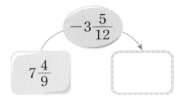

6-5 물통에 물이 $4\frac{11}{16}$ L 들어 있었습니다. 이 중 $2\frac{9}{20}$ L를 사용했다면 물통에 남은 물은 몇 L입니까?

6-6 미술 시간에 집 모형을 꾸미고 있습니다. 가영이는 색종이를 $8\frac{3}{4}$장 사용했고, 동민이는 $5\frac{7}{10}$장 사용했습니다. 누가 색종이를 얼마나 더 많이 사용했는지 설명하시오.

유형 7 받아내림이 있는 대분수의 뺄셈 알아보기

□ 안에 알맞은 수를 써넣으시오.

$6\frac{4}{7} - 3\frac{3}{4} = 6\frac{\square}{28} - 3\frac{\square}{28}$

$= 5\frac{\square}{28} - 3\frac{\square}{28} = \square\frac{\square}{\square}$

7-1 보기 와 같은 방법으로 계산해 보시오.

보기
$3\frac{1}{3} - 1\frac{1}{2} = 3\frac{2}{6} - 1\frac{3}{6}$
$\qquad = 2\frac{8}{6} - 1\frac{3}{6} = 1\frac{5}{6}$

$4\frac{1}{4} - 2\frac{2}{5}$

7-2 보기 와 같은 방법으로 계산해 보시오.

보기
$3\frac{3}{8} - 2\frac{3}{4} = \frac{27}{8} - \frac{11}{4}$
$\qquad = \frac{27}{8} - \frac{22}{8} = \frac{5}{8}$

$5\frac{1}{6} - 2\frac{2}{3}$

7-3 빈칸에 두 수의 차를 써넣으시오.

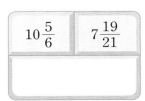

$10\dfrac{5}{6}$	$7\dfrac{19}{21}$

7-4 그림을 보고 두 수박의 무게의 차를 구하시오.

$4\dfrac{3}{8}$ kg $3\dfrac{3}{5}$ kg

7-5 계산 결과를 비교하여 ◯ 안에 >, =, < 를 알맞게 써넣으시오.

$$9\dfrac{1}{8} - 3\dfrac{3}{4} \bigcirc 8\dfrac{5}{8} - 2\dfrac{2}{3}$$

7-6 강아지의 무게는 $6\dfrac{2}{5}$ kg이고 고양이의 무게는 $4\dfrac{7}{8}$ kg입니다. 두 동물 중 어느 동물이 몇 kg 더 무거운지 설명하시오.

유형 8 받아내림이 있는 (대분수)−(진분수) 알아보기

□ 안에 알맞은 수를 써넣으시오.

$$1\dfrac{2}{5} - \dfrac{5}{7} = \dfrac{\square}{5} - \dfrac{5}{7}$$

$$= \dfrac{\square}{35} - \dfrac{\square}{35}$$

$$= \boxed{}$$

8-1 계산을 하시오.

(1) $1\dfrac{3}{8} - \dfrac{4}{5}$

(2) $5\dfrac{3}{4} - \dfrac{7}{8}$

8-2 빈 곳에 알맞은 수를 써넣으시오.

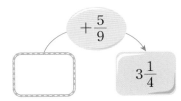

$+\dfrac{5}{9}$ $3\dfrac{1}{4}$

8-3 쌀이 $2\dfrac{5}{8}$ kg 있습니다. 이 중 $\dfrac{3}{4}$ kg을 밥을 짓는데 사용한다면 쌀은 몇 kg 남습니까?

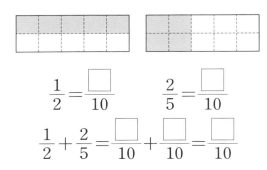

step 3 기본 유형다지기

1 그림을 보고 □ 안에 알맞은 수를 써넣으시오.

$$\frac{1}{2} = \frac{\square}{10} \qquad \frac{2}{5} = \frac{\square}{10}$$

$$\frac{1}{2} + \frac{2}{5} = \frac{\square}{10} + \frac{\square}{10} = \frac{\square}{10}$$

2 $\frac{1}{6} + \frac{3}{4}$ 을 여러 가지 방법으로 계산하려고 합니다. □ 안에 알맞은 수를 써넣으시오.

(1) $\frac{1}{6} + \frac{3}{4} = \frac{1 \times 4}{6 \times \square} + \frac{3 \times \square}{4 \times 6}$

$$= \frac{\square}{24} + \frac{\square}{24} = \frac{\square}{24}$$

$$= \frac{\square}{12}$$

(2) $\frac{1}{6} + \frac{3}{4} = \frac{1 \times \square}{6 \times 2} + \frac{3 \times \square}{4 \times 3}$

$$= \frac{\square}{12} + \frac{\square}{12} = \frac{\square}{12}$$

3 빈 곳에 알맞은 수를 써넣으시오.

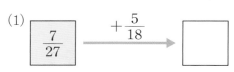

(1) $\frac{7}{27}$ $\xrightarrow{+\frac{5}{18}}$ $\square$

(2) $1\frac{4}{9}$ $\xrightarrow{+3\frac{5}{6}}$ $\square$

4 $\frac{1}{8} + \frac{9}{14}$ 의 계산에서 공통분모가 될 수 있는 수를 모두 고르시오.

① 28   ② 32   ③ 56
④ 80   ⑤ 112

5 분수의 합이 1보다 큰 것은 어느 것입니까?

① $\frac{1}{4} + \frac{3}{8}$ ② $\frac{5}{9} + \frac{1}{6}$

③ $\frac{4}{7} + \frac{5}{14}$ ④ $\frac{7}{12} + \frac{2}{3}$

⑤ $\frac{5}{6} + \frac{1}{18}$

6 예슬이는 동화책을 한 권 사서 어제는 전체의 $\frac{3}{7}$ 을 읽었고, 오늘은 전체의 $\frac{1}{5}$ 을 읽었습니다. 예슬이가 이틀 동안 읽은 양은 동화책 전체의 얼마입니까?

7 □ 안에 알맞은 수를 써넣으시오.

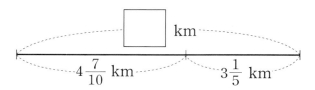

$\square$ km

$4\frac{7}{10}$ km $3\frac{1}{5}$ km

8 □ 안에 알맞은 수를 써넣으시오.

$$2\frac{3}{4}+1\frac{5}{6}=2\frac{\boxed{}}{12}+1\frac{\boxed{}}{12}$$

$$=(2+1)+\left(\frac{\boxed{}}{12}+\frac{\boxed{}}{12}\right)$$

$$=3+\boxed{}\frac{\boxed{}}{12}=\boxed{}$$

9 두 분모의 최소공배수로 통분하여 계산하시오.

$$3\frac{5}{6}+3\frac{3}{8}=3\frac{\boxed{}}{24}+3\frac{\boxed{}}{\boxed{}}=6\frac{\boxed{}}{\boxed{}}$$

$$=\boxed{}$$

10 계산 결과가 가장 큰 것부터 차례로 기호를 쓰시오.

$$\bigcirc\ 3\frac{2}{5}+2\frac{1}{2} \qquad \bigcirc\ 2\frac{1}{4}+3\frac{1}{2}$$

$$\bigodot\ 4\frac{1}{3}+1\frac{1}{6} \qquad \textcircled{\tiny ㄹ}\ 1\frac{1}{3}+4\frac{3}{5}$$

11 □ 안에 알맞은 수를 써넣으시오.

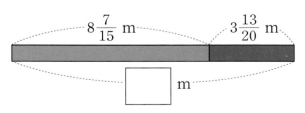

12 가장 큰 분수와 가장 작은 분수의 합을 구하시오.

$$1\frac{3}{4} \qquad \frac{6}{7} \qquad \frac{3}{14} \qquad \frac{3}{2}$$

13 계산 결과를 비교하여 ○ 안에 >, =, < 를 알맞게 써넣으시오.

$$8\frac{3}{10}+5\frac{1}{4} \ \bigcirc\ 6\frac{2}{9}+7\frac{2}{5}$$

14 동민이는 삼촌 댁에 가는 데 $1\frac{2}{3}$ 시간 동안 버스를 타고, $3\frac{1}{4}$ 시간 동안 기차를 탔습니다. 버스와 기차를 탄 시간은 모두 몇 시간입니까?

15 빈칸에 알맞은 수를 써넣으시오.

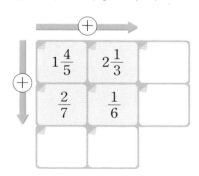

16 가영이는 선물을 포장하는 데 빨간색 테이프 $1\frac{1}{4}$ m와 파란색 테이프 $2\frac{1}{8}$ m를 사용하였습니다. 선물을 포장 하는 데 사용한 테이프는 모두 몇 m입니까?

17 신영이의 몸무게는 $35\frac{5}{8}$ kg이고 한솔이의 몸무게는 $31\frac{7}{10}$ kg입니다. 신영이와 한솔이의 몸무게의 합은 몇 kg입니까?

18 다음 직사각형의 둘레는 몇 m입니까?

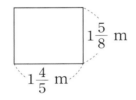

19 색 테이프를 두 도막으로 잘랐습니다. 한 도막은 $4\frac{3}{4}$ m이고 다른 한 도막은 $5\frac{7}{10}$ m 라면 색 테이프를 자르기 전의 길이는 몇 m였는지 설명하시오.

20 $\frac{5}{8}-\frac{7}{12}$ 을 여러 가지 방법으로 계산하려고 합니다. □ 안에 알맞은 수를 써넣으시오.

(1) $\frac{5}{8}-\frac{7}{12}=\frac{5\times\boxed{}}{8\times12}-\frac{7\times\boxed{}}{12\times8}$

$=\frac{\boxed{}}{96}-\frac{\boxed{}}{96}$

$=\frac{\boxed{}}{96}=\frac{\boxed{}}{24}$

(2) $\frac{5}{8}-\frac{7}{12}=\frac{5\times\boxed{}}{8\times3}-\frac{7\times\boxed{}}{12\times2}$

$=\frac{\boxed{}}{24}-\frac{\boxed{}}{24}=\frac{\boxed{}}{24}$

21 □ 안에 알맞은 수를 써넣으시오.

$5\frac{1}{3}-2\frac{4}{5}=5\frac{\boxed{}}{15}-2\frac{\boxed{}}{15}$

$=4\frac{\boxed{}}{15}-2\frac{\boxed{}}{15}$

$=(4-2)+\left(\frac{\boxed{}}{15}-\frac{\boxed{}}{15}\right)$

$=2+\frac{\boxed{}}{15}=\boxed{}$

22 다음을 계산하시오.

(1) $\frac{1}{4}-\frac{1}{6}$

(2) $\frac{2}{7}-\frac{1}{9}$

(3) $3\frac{4}{5}-2\frac{1}{2}$

(4) $5\frac{1}{14}-3\frac{4}{21}$

23 가장 큰 분수와 가장 작은 분수의 차를 구하시오.

$$\frac{4}{5} \qquad \frac{5}{8} \qquad \frac{13}{14}$$

24 어떤 수에서 $\frac{1}{5}$을 빼야 할 것을 잘못하여 더했더니 $\frac{9}{10}$가 되었습니다. 바르게 계산하면 얼마입니까?

25 □ 안에 알맞은 수를 써넣으시오.

$$\frac{5}{12} = \frac{1}{4} + \frac{1}{\boxed{}}$$

26 수학 공부를 효근이는 $\frac{5}{6}$ 시간, 예슬이는 $\frac{7}{8}$ 시간 하였습니다. 누가 수학 공부를 몇 시간 더 했는지 설명하시오.

27 빈 곳에 알맞은 수를 써넣으시오.

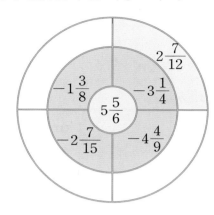

28 빈칸에 알맞은 수를 써넣으시오.

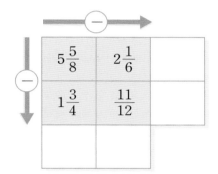

29 빈 곳에 알맞은 수를 써넣으시오.

(1)

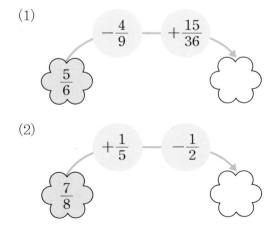

(2)

그림을 보고 물음에 답하시오. [30~31]

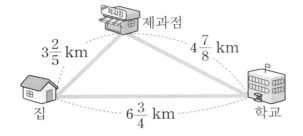

제과점

$3\frac{2}{5}$ km $4\frac{7}{8}$ km

집 $6\frac{3}{4}$ km   학교

30 제과점에서 학교까지의 거리는 제과점에서 집까지의 거리보다 몇 km 더 멉니까?

31 집에서 제과점을 거쳐 학교로 가는 거리는 집에서 학교로 바로 가는 거리보다 몇 km 더 멉니까?

32 주스 $4\frac{1}{8}$ L 중에서 용희가 $\frac{9}{16}$ L를 마시고, 한솔이가 $\frac{17}{20}$ L를 마셨습니다. 남은 주스는 몇 L입니까?

新 경향문제

33 예슬이와 효근이는 색종이를 사용하여 미술 작품을 만들었습니다. 예슬이는 빨간 색종이 $2\frac{1}{4}$장과 노란 색종이 $3\frac{5}{6}$장을 사용했고, 효근이는 빨간 색종이 $3\frac{5}{12}$장과 노란 색종이 $1\frac{7}{8}$장을 사용했습니다. 누가 색종이를 얼마나 더 많이 사용했습니까?

新 경향문제

다음 분수 막대를 사용하여 $1\frac{4}{5}+1\frac{1}{2}$을 계산하려고 합니다. 물음에 답하시오. [34~36]

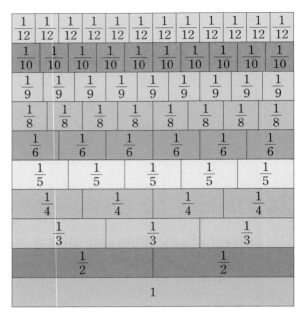

34 $1\frac{4}{5}$와 $1\frac{1}{2}$을 분수 막대로 놓으면 1 분수 막대는 모두 몇 개입니까?

35 $\frac{4}{5}$와 $\frac{1}{2}$을 합하면 $\frac{1}{10}$ 분수 막대가 몇 개가 됩니까?

36 $1\frac{4}{5}+1\frac{1}{2}$을 계산하는 방법을 설명하고 그 값을 구하시오.

석기가 강아지를 안고 몸무게를 쟀더니 $51\frac{5}{16}$ kg이었습니다. 물음에 답하시오.

[37~38]

37 강아지의 무게가 $2\frac{3}{8}$ kg이라면 석기의 몸무게는 몇 kg입니까?

38 석기의 몸무게가 $48\frac{3}{4}$ kg이라면 강아지의 무게는 몇 kg인지 분수로 나타내시오.

39 식의 계산 결과가 가장 크게 나오도록 보기에서 두 수를 골라 ○ 안에 써넣고, 계산한 답을 □ 안에 써넣으시오.

보기
$$2\frac{5}{12}, \quad 5\frac{4}{21}, \quad 4\frac{8}{15}, \quad 2\frac{7}{9}$$

$$\bigcirc - \bigcirc = \boxed{}$$

40 한별이와 동민이가 숫자 카드를 3장씩 뽑아 각각 가장 작은 대분수를 만들었습니다. 뽑은 숫자 카드가 다음과 같을 때, 누가 만든 분수가 얼마만큼 더 큽니까?

이름	뽑은 카드
한별	1 , 3 , 8
동민	1 , 9 , 4

41 계산 결과를 비교하여 ○ 안에 >, =, <를 알맞게 써넣으시오.

$5\frac{3}{10}$ 보다 $\frac{7}{8}$ 큰 수 ○

$6\frac{3}{4}$ 보다 $\frac{4}{5}$ 작은 수

42 $5\frac{7}{16}$과 $4\frac{11}{18}$의 합보다 작은 수 중 1보다 큰 자연수는 모두 몇 개입니까?

43 다음 그림과 같이 $\frac{1}{6}$을 넣으면 $1\frac{1}{15}$이 나오는 수 상자가 있습니다. 이 수 상자에 $3\frac{5}{12}$를 넣으면 어떤 수가 나오겠습니까?

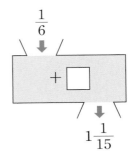

44 2 , 5 , 9 3장의 숫자 카드를 모두 사용하여 만들 수 있는 대분수 중에서 가장 큰 수와 가장 작은 수의 합과 차를 구하시오.

5
단원

1 꽃밭 전체의 $\frac{2}{5}$ 에는 장미를 심고, 꽃밭 전체의 $\frac{3}{8}$ 에는 맨드라미를 심었습니다. 장미와 맨드라미를 심고 남은 부분은 꽃밭 전체의 얼마입니까?

新 경향문제

2 오른쪽 그림과 같이 동물원 입구에서 물개 공연장까지 가는 길이 2가지 있습니다. 사자 마을과 코끼리 마을 중 어디를 거쳐 가는 것이 얼마나 더 가깝습니까?

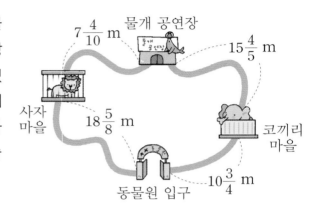

물개 공연장

$7\frac{4}{10}$ m $15\frac{4}{5}$ m

사자 마을 $18\frac{5}{8}$ m   코끼리 마을

$10\frac{3}{4}$ m

동물원 입구

3 어떤 수에서 $4\frac{3}{5}$ 을 뺀 후 $2\frac{7}{15}$ 을 더해야 할 것을 잘못하여 어떤 수에 $4\frac{3}{5}$ 을 더한 후 $2\frac{7}{15}$ 을 뺐더니 8이 되었습니다. 바르게 계산한 값은 얼마인지 구하시오.

新 경향문제

4 가영이와 동생은 아버지 생신 선물 상자를 꾸미고 있습니다. 가영이는 빨간 색종이 $3\frac{2}{3}$ 장과 파란 색종이 $4\frac{1}{6}$ 장을 사용했고, 동생은 빨간 색종이 $2\frac{3}{5}$ 장과 파란 색종이 $5\frac{3}{8}$ 장을 사용했습니다. 누가 색종이를 얼마나 더 많이 사용했는지 구하시오.

5 ㉯에서 ㉰까지의 거리는 몇 m입니까?

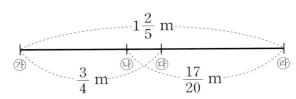

6 동민이네 가족이 큰아버지 댁에 가는 데 $2\frac{1}{40}$시간은 기차를 타고, $1\frac{3}{8}$시간은 버스를 타고, 45분은 걸어서 도착했습니다. 큰아버지 댁에 가는 데 걸린 시간은 모두 몇 시간 몇 분입니까?

7 다음 식에서 ■가 될 수 있는 자연수는 모두 몇 개인지 구하시오.

$$\frac{1}{3} + \frac{4}{9} > \frac{■}{12}$$

8 그림에서 빨간색 선의 길이는 몇 cm입니까?

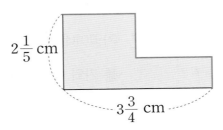

9 계산 결과가 가장 큰 값이 되도록 □ 안에 세 분수를 모두 써넣고 계산하시오.

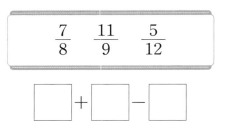

$$\boxed{} + \boxed{} - \boxed{}$$

10 신영이의 몸무게는 $32\frac{3}{4}$ kg입니다. 가영이는 신영이보다 $2\frac{7}{16}$ kg 가볍고, 석기는 신영이보다 $1\frac{5}{8}$ kg 더 무겁습니다. 석기는 가영이보다 몇 kg 더 무겁습니까?

11 길이가 $\frac{5}{8}$ m인 막대 3개를 그림과 같이 $\frac{1}{4}$ m씩 겹치게 묶었습니다. 이은 막대 전체의 길이는 몇 m인지 구하시오.

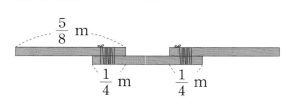

물통 가, 나, 다의 들이의 합에서 물통 2개 들이의 합을 빼면 나머지 한 통의 들이를 구할 수 있습니다.

12 가영이네 아버지께서 약수터에서 물통 가, 나, 다에 물을 담아 오셨습니다. 물통 가와 나의 들이의 합은 $2\frac{9}{10}$ L, 나와 다의 들이의 합은 $4\frac{11}{40}$ L, 물통 3개의 들이의 합은 $5\frac{31}{40}$ L입니다. 물통 가, 나, 다의 들이를 각각 구하시오.

13 □ 안에 들어갈 수 있는 자연수는 모두 몇 개입니까?

$$\frac{4}{5} - \frac{1}{2} < \frac{\square}{60} < \frac{1}{6} + \frac{4}{15}$$

14 한 개에 $\frac{1}{8}$ kg인 귤과 한 개에 $\frac{2}{5}$ kg인 배가 있습니다. 귤 50개와 배 3개의 무게는 모두 몇 kg입니까?

15 빈 곳에 알맞은 분수를 써넣으시오.

$$\boxed{\frac{4}{7}} \xrightarrow{\; -\square \;} \boxed{} \xrightarrow{\; +\frac{5}{6} \;} \boxed{1\frac{1}{14}}$$

新 경향문제

16 보기 와 같은 방법으로 $\frac{2}{9}$ 를 서로 다른 두 단위분수의 합으로 나타내시오.

보기

$$\frac{3}{5} = \frac{6}{10} = \frac{1}{10} + \frac{5}{10} = \frac{1}{10} + \frac{1}{2}$$

위와 같이 주어진 분수와 크기가 같은 여러 개의 분수 중에서 분자가 1과 처음 분수의 분모와의 합으로 된 것을 이용하여 분모가 같은 두 분수로 분해하여 약분하여 나타낼 수 있습니다.

$$\frac{2}{9} = \frac{1}{\square} + \frac{1}{\square}$$

01 영수는 동화책을 읽는데 첫째 날은 전체의 $\dfrac{2}{5}$ 를 읽었고, 둘째 날은 전체의 $\dfrac{4}{9}$ 를 읽었습니다. 첫째 날부터 셋째 날까지 전체의 $\dfrac{17}{18}$ 을 읽었다면 셋째 날에는 전체의 얼마를 읽었습니까?

02 상연, 동민, 규형 세 사람이 다음과 같이 숫자 카드를 3장씩 사용하여 대분수를 만들었습니다. 상연이와 동민이가 만든 분수의 합에서 규형이가 만든 분수를 뺀 값이 가장 클 때, 그 값을 구하시오.

상연 : 7 3 5

동민 : 2 4 1

규형 : 9 6 8

03 □ 안에 들어갈 수 있는 자연수 중에서 가장 큰 수를 구하시오.

$$4\dfrac{6}{7} - 3\dfrac{\square}{4} > 1$$

04 밀가루 $4\dfrac{5}{8}$ kg이 있었습니다. 이 중 절반으로 수제비를 만들고, 남은 밀가루의 절반으로 빵을 만들었습니다. 수제비와 빵을 만들고 남은 밀가루는 몇 kg입니까?

05 규형이는 오전 10시에 집에서 출발하여 걸어서 15분, 버스로 $1\frac{5}{12}$시간을 가고, 버스에서 내려서 다시 $\frac{1}{3}$시간을 걸어 박물관에 도착했습니다. 규형이가 박물관에 머문 시간이 $1\frac{5}{6}$시간일 때, 규형이가 박물관을 나온 시각을 구하시오.

06 길이가 5 m인 막대를 수면과 수직이 되게 연못 바닥까지 넣었다가 꺼내어 다시 거꾸로 넣었더니 물에 젖지 <u>않은</u> 부분의 길이가 $\frac{1}{2}$ m였습니다. 물음에 답하시오.

(1) 이 연못의 깊이는 몇 m입니까?

(2) 위와 같은 방법으로 길이가 $6\frac{2}{5}$ m인 막대를 같은 연못에 넣었다면 물에 젖지 않은 부분의 길이는 몇 m입니까?

07 어떤 일을 가영이가 하면 30일, 동민이가 하면 24일, 석기가 하면 40일이 걸린다고 합니다. 이 일을 세 사람이 같이 하면 며칠이 걸리겠습니까?

08 1분에 $1\frac{1}{4}$ L씩 물이 나오는 수도꼭지로 1분에 $\frac{5}{8}$ L씩 물이 빠져 나가는 500 L들이의 물탱크를 채우고 있습니다. 이 물탱크에 물을 가득 채우려면 몇 분이 걸립니까?

09

나열된 분수의 규칙을 먼저 알아 봅니다.

분수를 어떤 규칙에 따라 나열하였습니다. 앞에서부터 6번째 분수와 7번째 분수의 차는 얼마인지 구하시오.

$$\frac{1}{1}, \ \frac{1}{2}, \ \frac{2}{3}, \ \frac{3}{5}, \ \frac{5}{8}, \ \cdots\cdots$$

10

□ 안에 들어갈 수 있는 자연수를 모두 구하시오.

$$\frac{3}{8} + \frac{\square}{10} < \frac{19}{20}$$

11

길이가 $3\frac{1}{8}$ m인 밧줄이 3개 있습니다. 이 밧줄 3개를 일정한 길이로 겹쳐서 한 줄로 길게 늘어놓았습니다. 한 줄로 늘어놓은 밧줄의 전체 길이가 $8\frac{23}{40}$ m라면 밧줄을 몇 m씩 겹치게 늘어놓은 것입니까?

12

3 L들이 물통에 물이 $1\frac{1}{8}$ L 들어 있었습니다. 이 중에서 $\frac{3}{4}$ L를 마시고 $1\frac{3}{5}$ L를 더 부었습니다. 물통에 물을 가득 채우려면 몇 L의 물을 더 부어야 합니까?

13

㉠은 가로 한 줄과 세로 한 줄에 공통으로 들어 있는 수입니다.

오른쪽 표에서 가로, 세로, 대각선의 세 수의 합이 모두 같다고 할 때, ㉠에 알맞은 수를 구하시오.

1	㉠	
	$\frac{2}{3}$	
	$\frac{4}{5}$	

5
단원

14

물통에 물을 가득 채우는데 ㉮ 수도관으로는 12분, ㉯ 수도관으로는 15분이 걸립니다. ㉮ 수도관으로 5분 동안 물을 넣고 ㉯ 수도관으로 6분 동안 물을 넣었다면 물통 들이의 얼마를 더 넣어야 물통에 물을 가득 채울 수 있는지 기약분수로 답하시오.

15

남은 찰흙이 전체의 얼마인지 알아봅니다.

가영이는 가지고 있던 찰흙의 $\frac{7}{9}$과 $\frac{1}{5}$을 각각 한초와 규형이에게 나누어 주었습니다. 남은 찰흙이 20 g이라면, 가영이가 한초와 규형이에게 나누어 주기 전에 가지고 있던 찰흙은 몇 g입니까?

新 경향문제

16

상자 안에 유리구슬과 쇠구슬이 들어 있습니다. 유리구슬이 전체 구슬의 $\frac{1}{6}$보다 6개 더 많고, 쇠구슬은 전체 구슬의 $\frac{3}{4}$보다 4개 더 적습니다. 상자 안에 들어 있는 구슬은 모두 몇 개입니까?

1 계산을 하시오.

(1) $\dfrac{5}{8} + \dfrac{5}{6}$

(2) $\dfrac{9}{10} - \dfrac{4}{15}$

2 빈칸에 알맞은 수를 써넣으시오.

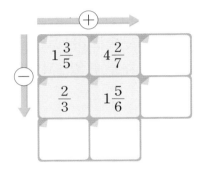

3 계산 결과를 비교하여 ○ 안에 >, =, < 를 알맞게 써넣으시오.

$$2\dfrac{3}{5} + 3\dfrac{7}{8} \;\bigcirc\; 7\dfrac{3}{8} - 1\dfrac{1}{2}$$

4 계산을 하시오.

(1) $\dfrac{7}{8} - \dfrac{5}{12} + \dfrac{3}{4}$

(2) $2\dfrac{3}{7} + \dfrac{9}{14} - 1\dfrac{4}{5}$

5 빈 곳에 알맞은 수를 써넣으시오.

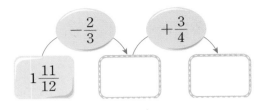

6 ㉠과 ㉡의 합을 구하시오.

$$㉠ = \dfrac{3}{4} - \dfrac{1}{7} - \dfrac{5}{14}$$
$$㉡ = \dfrac{1}{2} + \dfrac{3}{7} + \dfrac{5}{8}$$

7 □ 안에 알맞은 수를 써넣으시오.

(1) $\boxed{} - 2\dfrac{1}{2} = 1\dfrac{3}{8}$

(2) $9\dfrac{1}{5} + \boxed{} = 11\dfrac{3}{4}$

8 규형이는 미술 시간에 철사를 $5\frac{5}{8}$ m 사용했고, 예슬이는 $2\frac{3}{4}$ m를 사용했습니다. 두 사람이 사용한 철사는 모두 몇 m입니까?

9 도화지의 $\frac{7}{12}$ 에는 노란색을, $\frac{3}{8}$ 에는 빨간색을 칠하였습니다. 어느 색으로 칠한 부분이 전체의 얼마만큼 더 넓습니까?

10 1분 동안 석기는 $69\frac{1}{4}$ m를 걷고, 한초는 $68\frac{5}{16}$ m를 걷습니다. 1분 동안 석기는 한초보다 몇 m 더 걷습니까?

11 삼각형의 둘레를 구하시오.

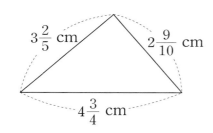

12 다음과 같은 세 분수가 있습니다. 아래 식의 계산한 값이 가장 크게 되도록 □ 안에 분수를 모두 써넣고, 그때의 계산 결과를 ○ 안에 써넣으시오.

$$\frac{4}{9} \qquad \frac{5}{12} \qquad \frac{2}{3}$$

$$\boxed{} + \boxed{} - \boxed{} = \bigcirc$$

13 $\frac{1}{2}$ 과 $\frac{3}{4}$ 의 합에 어떤 수를 더했더니 $2\frac{1}{3}$ 이 되었습니다. 어떤 수는 얼마입니까?

14 집에서 학교를 갈 때, 소방서와 경찰서 중 어느 곳을 거쳐 가는 것이 몇 km 더 가깝습니까?

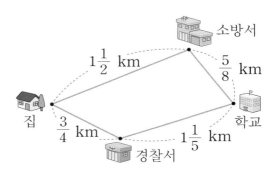

15 $5\frac{4}{5}$ L의 물이 들어 있는 물통에서 $\frac{1}{2}$ L의 물을 마시고 다시 $1\frac{1}{4}$ L의 물을 부었습니다. 지금 물통에 있는 물은 몇 L입니까?

16 $8\frac{1}{4}$ m의 노란색 테이프와 $6\frac{4}{5}$ m의 빨간색 테이프가 있었습니다. 두 색 테이프를 겹치는 부분 없이 이어서 상자를 묶는데 $12\frac{1}{2}$ m를 사용하였다면, 남은 색 테이프는 몇 m입니까?

17 웅이는 어제 우유 3 L를 사서 $1\frac{1}{2}$ L를 마시고, 오늘 $1\frac{1}{4}$ L를 마셨습니다. 어제와 오늘 마시고 남은 우유는 몇 L입니까?

18 오른쪽 식을 보고 □ 안에 들어갈 수 있는 가장 큰 자연수는 얼마인지 설명하시오.

$$\frac{\square}{18} < \frac{3}{4} + \frac{1}{6}$$

19 길이가 $1\frac{7}{16}$ m인 종이 테이프 3장을 일정한 길이로 겹치게 이었더니, 전체 길이가 $3\frac{5}{8}$ m가 되었습니다. 겹쳐진 부분의 길이의 합은 몇 m인지 설명하시오.

20 가영이네 반 학생들은 오전 10시에 합창 연습을 시작하여 $1\frac{1}{3}$ 시간 동안 연습을 한 다음 30분 동안 쉬고 다시 연습을 시작하여 $1\frac{5}{12}$ 시간이 지난 뒤에 연습을 마쳤습니다. 합창 연습이 끝난 시각은 오후 몇 시 몇 분인지 설명하시오.

6 다각형의 둘레와 넓이

1 정다각형의 둘레 구하기

✷ 정다각형의 둘레를 구하는 식

(정다각형의 둘레) = (한 변의 길이) × (변의 수)

(정삼각형의 둘레) = 3 × 3 = 9 (cm)
(정사각형의 둘레) = 3 × 4 = 12 (cm)
(정오각형의 둘레) = 3 × 5 = 15 (cm)

2 사각형의 둘레 구하기

(1) 직사각형의 둘레

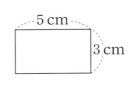

(직사각형의 둘레)
= (가로) × 2 + (세로) × 2
= { (가로) + (세로) } × 2
= (5 + 3) × 2
= 8 × 2 = 16 (cm)

(2) 정사각형의 둘레

(정사각형의 둘레) = (한 변의 길이) × 4

(3) 직각으로 이루어진 도형의 둘레

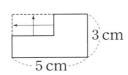

변을 이동하여 직사각형 모양으로
만들어 구합니다.
(5 + 3) × 2 = 16 (cm)

(4) 평행사변형의 둘레

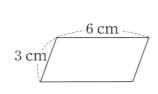

(평행사변형의 둘레)
= (한 변의 길이) × 2
  + (다른 한 변의 길이) × 2
= { (한 변의 길이)
  + (다른 한 변의 길이) } × 2
= (6 + 3) × 2 = 18 (cm)

(5) 마름모의 둘레

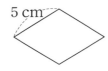

(마름모의 둘레)
= (한 변의 길이) × 4
= 5 × 4 = 20 (cm)

확인문제

① 다음 정다각형의 둘레를 구하시오.

(1) 6 cm

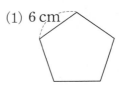

(2) 8 cm

② 다음 직사각형의 둘레를 구하시오.

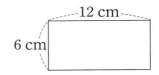

③ 다음 정사각형의 둘레는 32 cm입니다. 한 변의 길이를 구하시오.

④ □ 안에 알맞은 수를 써넣으시오.

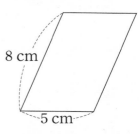

8 cm
5 cm

(평행사변형의 둘레)
= (□ + □) × 2 = □ (cm)

⑤ 한 변의 길이가 10 cm인 마름모의 둘레는 얼마인지 구하시오.

3 $1\,cm^2$ 알아보고 직사각형의 넓이 구하기

(1) 도형의 넓이

도형의 넓이를 나타낼 때에는 한 변의 길이가 $1\,cm$인 정사각형의 넓이를 넓이의 단위로 사용합니다. 이 정사각형의 넓이를 $1\,cm^2$라 쓰고 1 제곱센티미터라고 읽습니다.

(2) 직사각형의 넓이

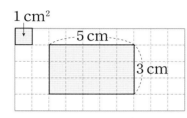

(직사각형의 넓이)
$=($ 가로$)\times($ 세로$)$
$=5\times3=15(cm^2)$

└→ $1\,cm^2$인 단위넓이가 가로로 5개, 세로로 3개 있습니다.

(3) 정사각형의 넓이

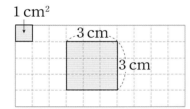

(정사각형의 넓이)
$=($ 한 변의 길이$)\times$
   $($ 한 변의 길이$)$
$=3\times3=9(cm^2)$

└→ $1\,cm^2$인 단위넓이가 가로와 세로로 각각 3개씩 있습니다.

4 $1\,cm^2$ 보다 더 큰 넓이의 단위 알아보기

(1) 한 변의 길이가 $1\,m$인 정사각형의 넓이를 $1\,m^2$라 쓰고 1제곱미터라고 읽습니다.

$$1\,m^2=10000\,cm^2$$

(2) 한 변의 길이가 $1\,km$인 정사각형의 넓이를 $1\,km^2$라 쓰고 1제곱킬로미터라고 읽습니다.

$$1\,km^2=1000000\,m^2$$

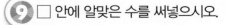

확인문제

6 직사각형의 넓이를 구하려고 합니다.
□ 안에 알맞게 써넣으시오.

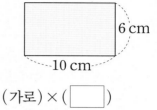

$($ 가로$)\times($ ☐ $)$
$=10\times$ ☐ $=$ ☐ (cm^2)

7 정사각형의 넓이를 구하려고 합니다.
□ 안에 알맞게 써넣으시오.

6 단원

$($ 한 변의 길이$)\times($ ☐ $)$
$=7\times$ ☐ $=$ ☐ (cm^2)

8 직사각형과 정사각형의 넓이를 구하시오.

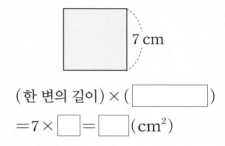

9 □ 안에 알맞은 수를 써넣으시오.

(1) $2\,m^2=$ ☐ cm^2

(2) $8000\,cm^2=$ ☐ m^2

(3) $3\,km^2=$ ☐ m^2

(4) $700000\,m^2=$ ☐ km^2

유형 1 정다각형의 둘레 구하기

□ 안에 알맞은 말을 써넣으시오.

> 정다각형은 각 변의 길이가 모두 같으므로
> 정다각형의 둘레는 [   ] 와
> [   ] 를 곱하여 구합니다.

1-1 다음 정다각형의 둘레를 구하시오.

(1)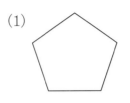

한 변의 길이: 7 cm

(2)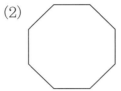

한 변의 길이: 8 cm

1-2 정다각형입니다. □ 안에 알맞은 수를 써넣으시오.

(1) 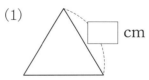 cm

둘레: 33 cm

(2) 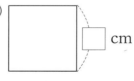 cm

둘레: 28 cm

(3) [ ] cm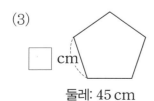

둘레: 45 cm

(4) [ ] cm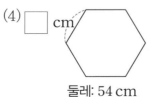

둘레: 54 cm

1-3 다음 정다각형의 둘레를 구하시오.

(1)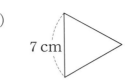
7 cm

(2)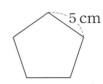
5 cm

(3) 3 cm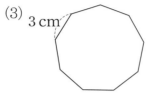

1-4 다음 두 정다각형의 둘레가 각각 60 cm일 때 □ 안에 알맞은 수를 써넣으시오.

(1) [ ] cm

(2) [ ] cm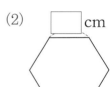

1-5 둘레가 20 cm인 정사각형을 그려 보시오.

1 cm
1 cm

유형 2 사각형의 둘레 구하기

직사각형의 둘레를 구하려고 합니다. 물음에 답하시오.

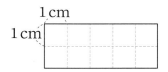

(1) 가로와 세로는 각각 몇 cm입니까?
(2) 직사각형의 둘레는 몇 cm입니까?

2-1 □ 안에 알맞은 수를 써넣으시오.

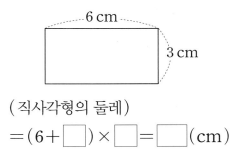

(직사각형의 둘레)
$= (6 + \boxed{}) \times \boxed{} = \boxed{} \,(cm)$

2-2 직사각형의 둘레를 구하시오.

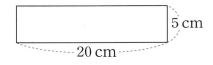

2-3 정사각형의 둘레를 구하시오.

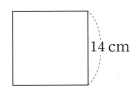

2-4 한 변이 9 cm인 정사각형의 둘레를 구하시오.

2-5 평행사변형의 둘레를 구하시오.

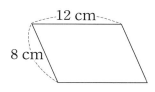

2-6 마름모의 둘레를 구하시오.

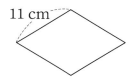

2-7 다음 직사각형의 둘레는 24 cm입니다. □ 안에 알맞은 수를 써넣으시오.

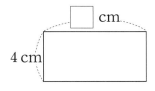

2-8 다음 평행사변형의 둘레는 20 cm입니다. □ 안에 알맞은 수를 써넣으시오.

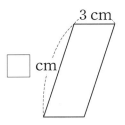

6
단원

유형 3 | 1 cm² 알아보고 직사각형의 넓이 구하기

□ 안에 알맞은 말을 써넣으시오.

한 변의 길이가 1 cm인 정사각형의 넓이를 □ 라 쓰고, □ 라고 읽습니다.

3-1 가와 넓이가 같은 도형을 찾아 기호를 쓰시오.

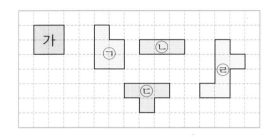

3-2 단위넓이가 1 cm²일 때, 도형의 넓이는 몇 cm²입니까?

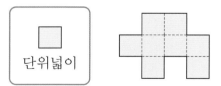

3-3 가와 나의 넓이를 각각 구하시오.

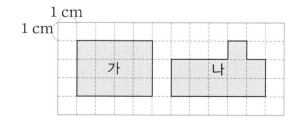

3-4 직사각형의 넓이를 구하려고 합니다. 물음에 답하시오.

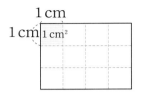

(1) 직사각형에는 1 cm²가 모두 몇 개 있습니까?

(2) 직사각형의 넓이는 몇 cm²입니까?

3-5 직사각형의 넓이를 구하시오.

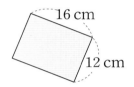

3-6 정사각형의 넓이를 구하시오.

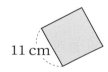

3-7 물건의 넓이를 구하시오.

(1)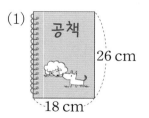

(2)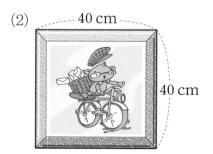

유형 4 1 cm²보다 더 큰 넓이의 단위 알아보기

□ 안에 알맞게 써넣으시오.

한 변의 길이가 1 m인 정사각형의 넓이를
[   ]라 쓰고, [   ]라고 읽습니
다. 또한 한 변의 길이가 1 km인 정사각형
의 넓이를 [   ]라 쓰고,
[   ]라고 읽습니다.

4-1 알맞은 단위에 ○표 하시오.

• 교실 바닥의 넓이를 잴 때는 (1 cm², 1 m²)
단위넓이를 사용하면 좋습니다.

4-2 □ 안에 알맞은 수를 써넣으시오.

(1)
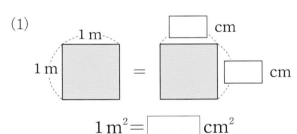

$$1 \, m^2 = \boxed{} \, cm^2$$

(2)
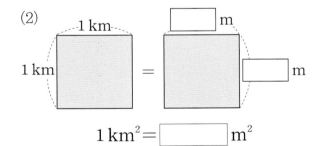

$$1 \, km^2 = \boxed{} \, m^2$$

4-3 □ 안에 알맞은 수를 써넣으시오.

(1) $30000 \, cm^2 = \boxed{} \, m^2$

(2) $5 \, m^2 = \boxed{} \, cm^2$

(3) $2 \, km^2 = \boxed{} \, m^2$

(4) $3500000 \, m^2 = \boxed{} \, km^2$

4-4 m²와 km² 중 사용하기에 알맞은 단위를 써 보시오.

(1) 화단의 넓이   (   )

(2) 서울특별시의 넓이   (   )

(3) 놀이터 마당의 넓이   (   )

(4) 제주도의 넓이   (   )

4-5 km²가 몇 번 들어가는지 □ 안에 알맞은 수를 써넣으시오.

(1)
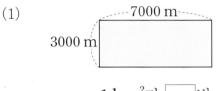

$1 \, km^2$가 [   ]번

(2)
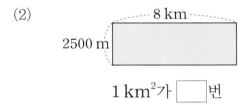

$1 \, km^2$가 [   ]번

4-6 직사각형의 넓이는 몇 km²입니까?

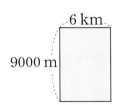

4-7 [보기]에서 알맞은 단위를 골라 □ 안에 써넣으시오.

보기
m^2 cm^2 km^2

(1) 대전 광역시의 넓이는 539 [   ]입니다.

(2) 우리집 앞마당의 넓이는 30 [   ]입니다.

step 3 기본 유형 다지기

1 다음 정다각형의 둘레를 구하시오.

(1)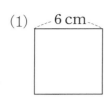
6 cm

(2)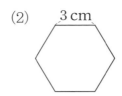
3 cm

2 직사각형 가와 나 중에서 둘레가 더 긴 것의 기호를 쓰시오.

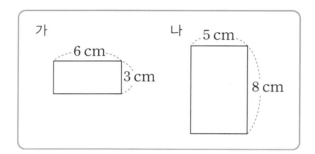

가
6 cm
3 cm

나
5 cm
8 cm

3 오른쪽 직사각형의 둘레는 28 cm이고, 가로는 6 cm입니다. 이 직사각형의 세로는 몇 cm입니까?

6 cm

4 둘레가 84 cm인 정사각형 모양의 색종이가 있습니다. 이 색종이의 한 변은 몇 cm인지 설명하시오.

5 도형의 둘레를 구하시오.

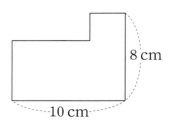
8 cm
10 cm

6 둘레가 32 cm인 정사각형 4개로 이루어진 직사각형입니다. 직사각형의 둘레를 구하시오.

7 평행사변형의 둘레를 구하시오.

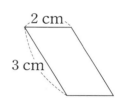
2 cm
3 cm

8 마름모의 둘레를 구하시오.

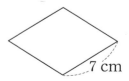
7 cm

9 직사각형의 둘레가 30 cm일 때 □ 안에 알맞은 수를 써넣으시오.

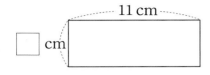

10 평행사변형의 둘레가 34 cm일 때 □ 안에 알맞은 수를 써넣으시오.

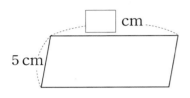

11 마름모의 둘레가 36 cm일 때 □ 안에 알맞은 수를 써넣으시오.

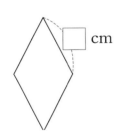

12 둘레가 20 cm인 직사각형을 그려 보시오.

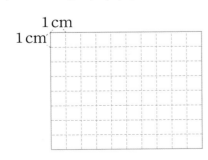

한 변의 길이가 1 cm인 정사각형 여러 개로 만든 도형입니다. 물음에 답하시오. [13~14]

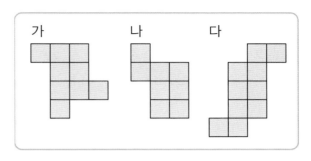

13 도형 가, 나, 다의 넓이를 각각 구하시오.

14 넓이가 가장 넓은 도형부터 차례로 기호를 쓰시오.

6 단원

도형을 보고 물음에 답하시오. [15~16]

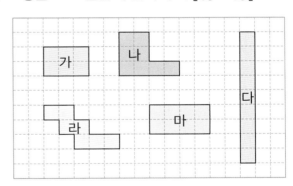

15 넓이가 서로 같은 도형을 찾아 기호를 쓰시오.

16 넓이가 가장 큰 도형과 가장 작은 도형의 기호를 차례로 쓰시오.

17 작은 정사각형 한 개의 넓이가 $1\ \text{cm}^2$일 때, 다음 도형의 넓이는 몇 cm^2입니까?

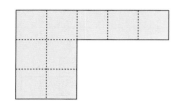

18 넓이가 $10\ \text{cm}^2$인 도형을 3개 그리시오.

19 직사각형의 둘레는 $58\ \text{cm}$입니다. 이 직사각형의 넓이는 몇 cm^2입니까?

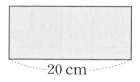

20 넓이가 가장 넓은 도형을 찾아 기호를 쓰시오.

> ㉠ 가로가 $50\ \text{cm}$, 세로가 $12\ \text{cm}$인 직사각형
> ㉡ 가로가 $35\ \text{cm}$, 세로가 $20\ \text{cm}$인 직사각형
> ㉢ 한 변이 $30\ \text{cm}$인 정사각형

21 직사각형 가와 정사각형 나 중에서 어느 도형의 넓이가 몇 cm^2 더 넓습니까?

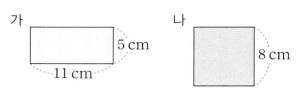

22 오른쪽 직사각형의 넓이는 $91\ \text{cm}^2$입니다. 이 직사각형의 세로는 몇 cm입니까?

23 둘레가 $32\ \text{cm}$인 정사각형의 넓이는 몇 cm^2입니까?

24 그림에서 빨간색 색종이는 직사각형 모양이고, 파란색 색종이는 정사각형 모양입니다. 빨간색 색종이는 파란색 색종이보다 몇 cm^2 더 넓습니까?

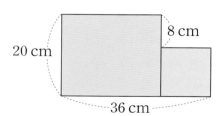

25 어떤 직사각형은 세로가 12 cm이고 둘레가 80 cm입니다. 이 직사각형의 넓이는 몇 cm²입니까?

26 정사각형 ㉮와 직사각형 ㉯는 넓이가 같습니다. ㉯의 세로는 몇 cm입니까?

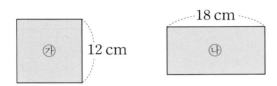

27 둘레가 1 m인 정사각형 모양의 도화지가 있습니다. 이 도화지의 넓이는 몇 cm²입니까?

28 가영이의 책상은 가로가 1.2 m, 세로가 45 cm인 직사각형 모양입니다. 가영이의 책상의 넓이는 몇 cm²입니까?

29 모눈종이에 둘레가 22 cm이고, 넓이가 30 cm²인 직사각형을 그리시오.

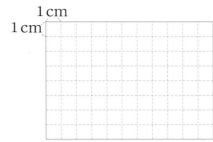

30 □ 안에 알맞은 수를 써넣으시오.

(1) 6 m² = □ cm²

(2) 40000 cm² = □ m²

(3) 3000000 m² = □ km²

(4) 7 km² = □ m²

31 직사각형의 넓이는 몇 km²입니까?

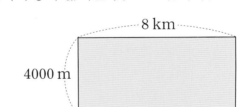

32 둘레가 36 m인 직사각형 모양의 밭이 있습니다. 이 밭의 가로가 세로보다 2 m 더 길다면 밭의 넓이는 몇 m²입니까?

 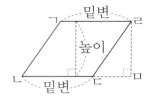
5 평행사변형의 넓이 구하기

• 평행사변형에서 평행한 두 변을 밑변이라 하고, 두 밑변 사이의 거리를 높이라고 합니다.

✻ 평행사변형의 넓이

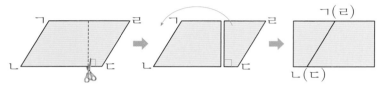

(평행사변형 ㄱㄴㄷㄹ의 넓이) ＝ (직사각형의 넓이)
　　　　　　　　　　　　＝ (가로) × (세로)
　　　　　　　　　　　　＝ (밑변의 길이) × (높이)

• 밑변의 길이와 높이가 같은 평행사변형의 넓이는 같습니다.

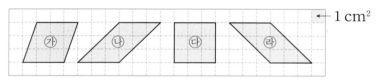

➡ ㉮, ㉯, ㉰, ㉱의 넓이는 모두 같습니다.

6 삼각형의 넓이 구하기

• 삼각형에서 한 변을 밑변이라 하면 밑변과 마주 보는 꼭짓점에서 밑변에 수직으로 그은 선분의 길이를 높이라고 합니다.

 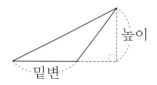

✻ 평행사변형의 넓이를 이용해 삼각형의 넓이 구하기

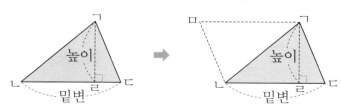

(삼각형 ㄱㄴㄷ의 넓이)＝(평행사변형 ㅁㄴㄷㄱ의 넓이)÷2
　　　　　　　　　　＝(밑변의 길이) × (높이)÷2

---

1 평행사변형의 높이를 나타내시오.

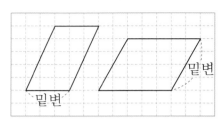

2 그림을 보고 물음에 답하시오.

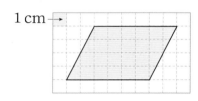

(1) ☐ 모양이 몇 개 있습니까?

(2) ◸ 모양이 몇 개 있습니까?

(3) 이 평행사변형의 넓이는 몇 cm^2입니까?

3 삼각형의 넓이를 구하시오.

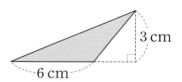

4 삼각형 ㉮와 ㉯ 중 넓이가 더 큰 것의 기호를 쓰시오.

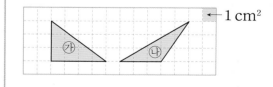

✷ 삼각형을 잘라서 넓이 구하기

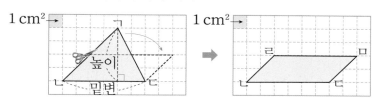

➡ 삼각형 ㄱㄴㄷ의 넓이는 평행사변형 ㄹㄴㄷㅁ의 넓이와 같습니다.

(삼각형 ㄱㄴㄷ의 넓이) = (밑변의 길이) × (높이÷2)

• 밑변의 길이와 높이가 같은 삼각형의 넓이는 같습니다.

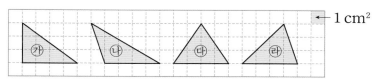

➡ ㉮, ㉯, ㉰, ㉱의 넓이는 모두 같습니다.

7 마름모의 넓이 구하기

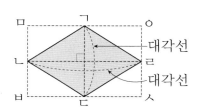

(마름모 ㄱㄴㄷㄹ의 넓이) = (직사각형 ㅁㅂㅅㅇ의 넓이) ÷ 2
= (가로) × (세로) ÷ 2
= (한 대각선) × (다른 대각선) ÷ 2

8 사다리꼴의 넓이 구하기

• 사다리꼴에서 평행한 두 변을 밑변이라 하고, 밑변을 위치에 따라 윗변, 아랫변이라고 합니다. 이때 두 밑변 사이의 거리를 높이라고 합니다.

✷ 사다리꼴의 넓이

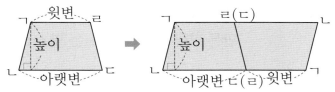

(사다리꼴 ㄱㄴㄷㄹ의 넓이) = (평행사변형의 넓이) ÷ 2
= (밑변) × (높이) ÷ 2
= {(윗변) + (아랫변)}
× (높이) ÷ 2

---

5 □ 안에 알맞은 수를 써넣으시오.

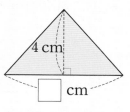

넓이 : 14 cm²

6 색칠한 마름모의 넓이를 구하시오.

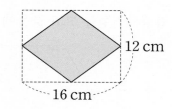

7 다음 사다리꼴에서 높이를 나타내는 것의 기호를 쓰시오.

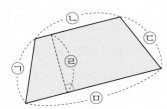

8 사다리꼴의 넓이를 구하시오.

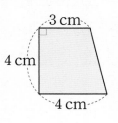

6
단원

그림을 보고 □ 안에 알맞게 써넣으시오.

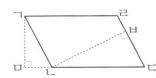

변 ㄴㄷ을 밑변으로 할 때 높이는 선분 □ 이고, 변 ㄱㄴ을 밑변으로 할 때 높이는 선분 □ 입니다.

5-1 평행사변형을 보고 물음에 답하시오.

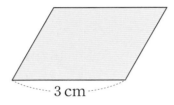

(1) 밑변의 길이가 3 cm일 때, 높이를 재어 보시오.

(2) □ 안에 알맞은 수를 써넣으시오.

(평행사변형의 넓이)
$= 3 \times \square = \square \ (cm^2)$

5-2 넓이가 다른 평행사변형을 찾아 기호를 쓰시오.

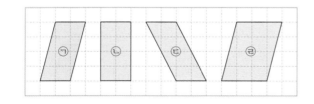

5-3 평행사변형의 넓이를 구하시오.

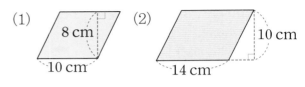

(1) 8 cm / 10 cm　(2) 10 cm / 14 cm

5-4 직선 가와 직선 나는 서로 평행합니다. 평행사변형 ㉮, ㉯, ㉰의 넓이를 각각 구하시오.

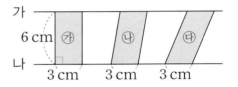

5-5 평행사변형의 넓이가 다음과 같을 때, □ 안에 알맞은 수를 써넣으시오.

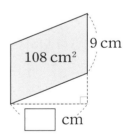

5-6 예슬이는 가로, 세로가 각각 20 cm, 15 cm 인 직사각형 모양의 종이를 그림과 같이 잘라 평행사변형을 만들었습니다. 예슬이가 만든 평행사변형의 넓이는 몇 cm²입니까?

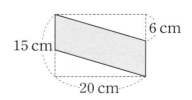

유형 6 **삼각형의 넓이 구하기**

그림을 보고 □ 안에 알맞은 수를 써넣으시오.

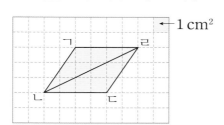

평행사변형 ㄱㄴㄷㄹ의 넓이는 □ cm²이
므로 삼각형 ㄱㄴㄹ의 넓이는 □ cm²입니다.

6-1 그림을 보고 물음에 답하시오.

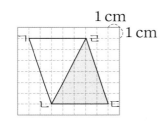

(1) 평행사변형 ㄱㄴㄷㄹ의 넓이는 삼각형 ㄹㄴㄷ의 넓이의 몇 배입니까?

(2) 평행사변형 ㄱㄴㄷㄹ의 넓이를 구하시오.

(3) 삼각형 ㄹㄴㄷ의 넓이를 구하시오.

6-2 넓이가 다른 삼각형을 찾아 기호를 쓰시오.

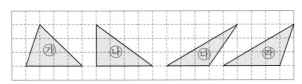

6-3 삼각형의 넓이가 가장 넓은 것부터 차례로 기호를 쓰시오.

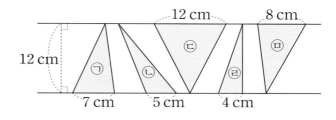

6-4 삼각형의 넓이를 구하시오.

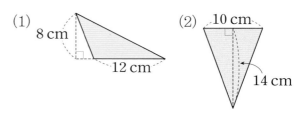

6-5 □ 안에 알맞은 수를 써넣으시오.

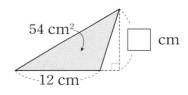

6-6 도형에서 색칠한 부분의 넓이를 구하시오.

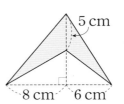

유형 7 마름모의 넓이 구하기

마름모의 넓이를 구하려고 합니다. □ 안에 알맞은 수를 써넣으시오.

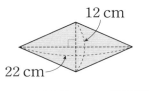

(넓이) $= 22 \times \boxed{} \div 2 = \boxed{}$ (cm^2)

7-1 직사각형을 이용하여 마름모 ㄱㄴㄷㄹ의 넓이를 구하려고 합니다. 물음에 답하시오.

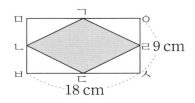

(1) 직사각형 ㅁㅂㅅㅇ의 넓이는 몇 cm^2입니까?

(2) 직사각형 ㅁㅂㅅㅇ의 넓이는 마름모 ㄱㄴㄷㄹ의 넓이의 몇 배입니까?

(3) 마름모 ㄱㄴㄷㄹ의 넓이는 몇 cm^2입니까?

7-2 마름모의 넓이를 구하려고 합니다. □ 안에 알맞은 수나 말을 써넣으시오.

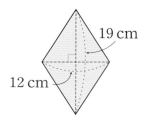

(마름모의 넓이)

$= ($ 한 $\boxed{}) \times ($ 다른 $\boxed{}) \div 2$

$= \boxed{} \times 19 \div 2 = \boxed{}$ (cm^2)

7-3 마름모의 넓이를 구하시오.

(1)   (2)

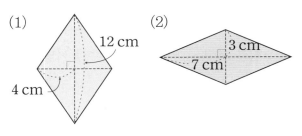

7-4 그림과 같이 한 변이 24 cm인 정사각형의 네 변의 가운데를 이어 그린 마름모의 넓이는 몇 cm^2입니까?

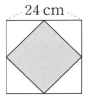

7-5 삼각형 ㄱㄴㅇ의 넓이가 15 cm^2일 때, 마름모 ㄱㄴㄷㄹ의 넓이를 구하시오.

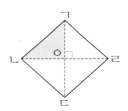

7-6 마름모의 넓이가 100 cm^2일 때, □ 안에 알맞은 수를 써넣으시오.

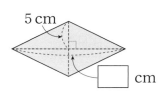

유형 8 사다리꼴의 넓이 구하기

사다리꼴을 보고 □ 안에 알맞은 수를 써넣으시오.

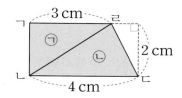

(사다리꼴 ㄱㄴㄷㄹ의 넓이)
= (삼각형 ㉠의 넓이) + (삼각형 ㉡의 넓이)
= 3 × □ ÷ 2 + 4 × □ ÷ 2
= □ + □ = □ (cm²)

8-1 모눈종이 위에 그려진 사다리꼴의 넓이를 구하시오.

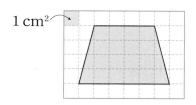

8-2 다음 사다리꼴의 넓이를 구하는 식으로 바른 것은 어느 것입니까?

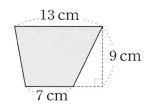

① (13+9)×7÷2
② (9+7)×13÷2
③ (13+7)×9÷2
④ 9×7+13÷2
⑤ (13−7)×9÷2

8-3 사다리꼴의 넓이를 구하시오.

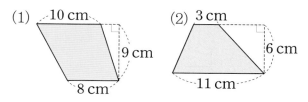

8-4 오른쪽 사다리꼴의 넓이가 52 cm²일 때, □ 안에 알맞은 수를 써넣으시오.

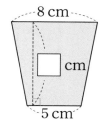

8-5 다음 사다리꼴의 넓이가 100 cm²일 때, 아랫변은 몇 cm입니까?

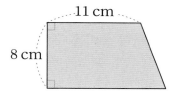

8-6 색칠한 부분의 넓이는 몇 cm²입니까?

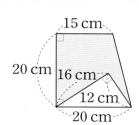

1 가장 넓은 평행사변형을 찾아 기호를 쓰시오.

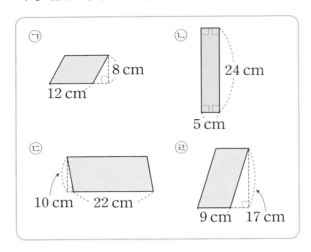

2 평행사변형의 넓이를 구하시오.

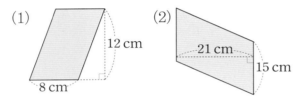

3 두 평행사변형의 넓이가 같을 때, 오른쪽 평행사변형의 높이를 구하시오.

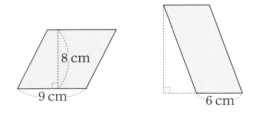

4 색칠한 부분의 넓이를 구하시오.

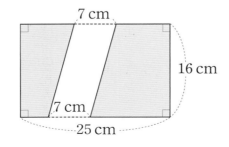

5 높이가 16 cm이고 넓이가 96 cm²인 평행사변형이 있습니다. 이 평행사변형의 밑변은 몇 cm입니까?

6 넓이가 가장 넓은 평행사변형부터 차례로 기호를 쓰시오.

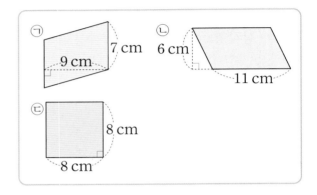

7 평행사변형 ㄱㄴㄷㄹ에서 색칠한 평행사변형과 넓이가 같은 평행사변형은 모두 몇 개입니까?

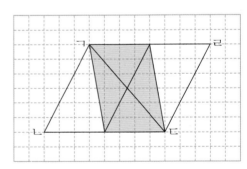

8 평행사변형에서 ㉠은 몇 cm인지 구하시오.

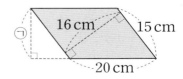

9 삼각형 ㉠와 넓이가 같은 삼각형을 모두 찾아 기호를 쓰시오.

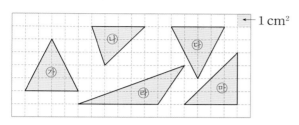

10 삼각형의 넓이를 구하시오.

(1)
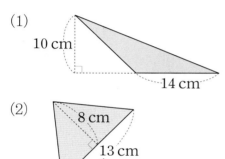

(2)

11 색칠한 도형의 넓이를 구하시오.

(1)   (2)
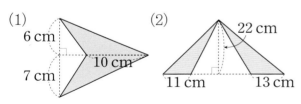

12 □ 안에 알맞은 수를 써넣으시오.

(1)   (2)
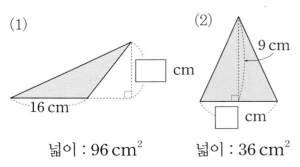

넓이 : 96 cm²   넓이 : 36 cm²

13 직선 가와 직선 나는 서로 평행합니다. 도형 ①~④의 넓이는 삼각형 ㉠의 넓이의 몇 배가 되는지 각각 구하시오.

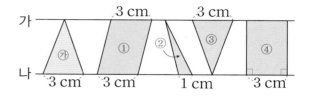

14 다음 마름모를 보고 물음에 답하시오.

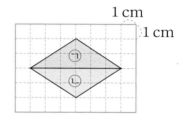

(1) 삼각형 ㉠의 넓이는 몇 cm²입니까?

(2) 삼각형 ㉡의 넓이는 몇 cm²입니까?

(3) 마름모의 넓이는 몇 cm²입니까?

15 직사각형 안에 그린 마름모의 넓이를 구하시오.

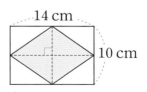

16 대각선의 길이가 각각 19 cm, 26 cm인 마름모 모양의 종이가 있습니다. 이 종이의 넓이는 몇 cm²입니까?

17 마름모의 넓이가 108 cm²일때, □ 안에 알맞은 수를 써넣으시오.

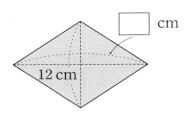

□ cm

12 cm

18 두 마름모의 넓이가 같을 때, ㉠은 몇 cm입니까?

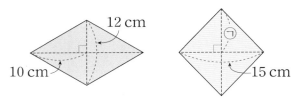

12 cm

10 cm

㉠

15 cm

19 다음 도형은 지름이 12 cm인 원 안에 가장 큰 마름모를 그린 것입니다. 이 마름모의 넓이는 몇 cm²입니까?

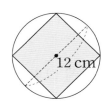

12 cm

20 정사각형 안에 각 변의 한 가운데를 이어 마름모를 그렸습니다. 이때 색칠한 부분의 넓이는 몇 cm²입니까?

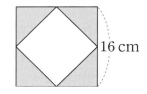

16 cm

21 사다리꼴의 넓이를 구하시오.

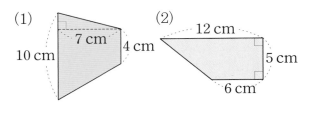

(1) 7 cm 4 cm 10 cm

(2) 12 cm 5 cm 6 cm

22 두 사다리꼴의 넓이의 차는 몇 cm²입니까?

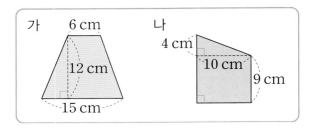

가 6 cm 12 cm 15 cm

나 4 cm 10 cm 9 cm

23 아랫변의 길이가 윗변의 길이의 3배인 사다리꼴이 있습니다. 윗변의 길이가 11 cm이고 높이가 14 cm일 때, 이 사다리꼴의 넓이를 구하시오.

24 사다리꼴의 넓이가 164 cm²일 때, 높이는 몇 cm입니까?

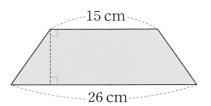

15 cm

26 cm

新경향문제

25 다각형의 넓이를 구하시오.

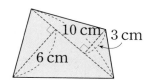

新경향문제

26 다각형에서 색칠한 부분의 넓이를 구하시오.

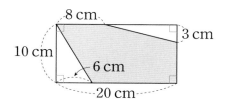

新경향문제

27 다각형의 넓이를 구하시오.

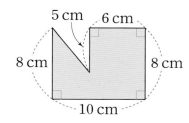

28 사다리꼴의 넓이가 57 cm²일 때, ☐ 안에 알맞은 수를 써넣으시오.

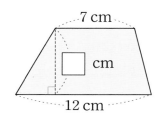

29 다음 사다리꼴의 높이가 모두 같을 때, 넓이가 같은 사다리꼴을 모두 찾아 기호를 쓰시오.

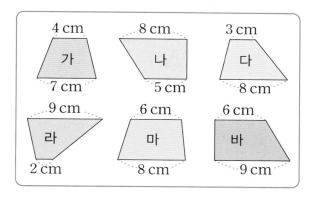

30 사다리꼴의 둘레가 68 cm일 때, 넓이는 몇 cm²입니까?

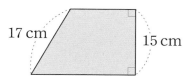

31 다음 그림에서 색칠한 부분의 넓이가 36 cm²일 때, 사다리꼴 ㄱㄴㄷㄹ의 넓이는 몇 cm²입니까?

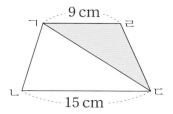

32 사다리꼴 ㄱㄴㄷㄹ의 넓이가 246 cm²일 때, 선분 ㄱㅁ의 길이는 몇 cm입니까?

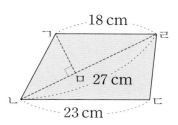

1 그림 가와 나는 크기가 같은 정사각형으로 만든 모양입니다. 가의 둘레가 70 cm일 때, 나의 둘레는 몇 cm입니까?

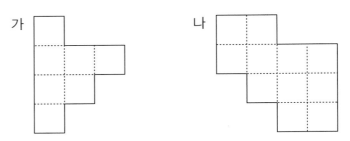

2 도형의 둘레를 구하시오.

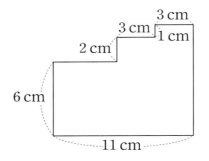

3 오른쪽 직사각형과 넓이가 같은 정사각형을 만들려고 합니다. 정사각형의 한 변은 몇 cm로 하면 됩니까?

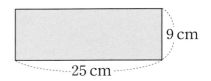

4 오른쪽 직사각형 ㄱㄴㄷㅂ의 넓이가 56 cm² 일 때, 직사각형 ㄱㄴㄹㅁ의 넓이를 구하시오.

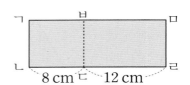

新 경향문제

삼각형의 높이를 45 cm로 하는 경우와 36 cm로 하는 경우를 각각 생각해 봅니다.

5 오른쪽 직각삼각형의 넓이는 1350 cm²입니다. 이 삼각형의 둘레를 구하시오.

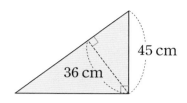

6 오른쪽 평행사변형 ㄱㄴㄷㄹ의 넓이는 306 cm²이고, 삼각형 ㄱㄴㅁ의 넓이는 63 cm²입니다. 선분 ㄴㅁ의 길이는 몇 cm입니까?

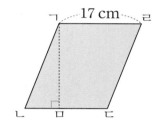

7 평행사변형 ㅂㄴㄹㅁ의 넓이는 169 cm²입니다. 평행사변형 ㄱㄴㄷㅅ의 넓이를 구하시오.

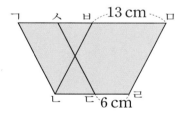

보조선을 그어 45°, 45°, 90°인 삼각형을 만들어 생각합니다.

8 사다리꼴의 넓이를 구하시오.

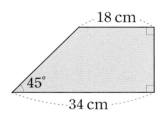

9 한 변이 18 cm인 정사각형의 각 변을 똑같이 셋으로 나눈 후, 오른쪽과 같이 이어서 마름모를 만들었습니다. 이 마름모의 넓이는 몇 cm²입니까?

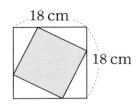

10 도형 판에서 색칠한 부분은 넓이가 2 cm²인 정사각형입니다. 이 도형 판 전체의 넓이는 몇 cm²입니까?

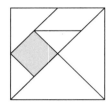

11 크기가 다른 정사각형을 겹치지 않게 이어 붙여서 다음과 같은 도형을 만들었습니다. 만든 도형의 둘레는 몇 cm입니까?

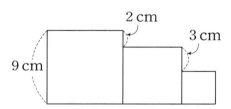

정사각형의 한 변은 몇 cm인지를 먼저 구해 봅니다.

12 둘레가 20 cm인 정사각형을 겹치지 않게 이어 붙여 그림과 같은 직사각형 한 개를 만들려고 합니다. 필요한 정사각형은 모두 몇 개입니까?

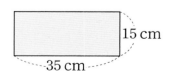

13 다음 도형의 넓이가 362 cm²일 때, ㉠의 길이는 몇 cm입니까?

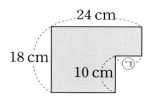

색칠한 정사각형의 한 변은 몇 cm인지를 먼저 구해 봅니다.

14 직사각형 모양의 종이를 다음과 같이 6개의 정사각형으로 나누었습니다. 색칠한 정사각형의 넓이가 16 cm²일 때 직사각형 모양의 종이 전체의 둘레는 몇 cm입니까?

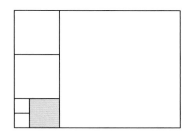

15 직사각형과 정사각형을 겹쳐 놓은 것입니다. 겹쳐진 부분이 직사각형일 때, 겹쳐지지 않은 부분의 넓이는 모두 몇 cm²입니까?

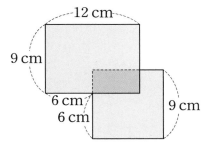

16 모양과 크기가 같은 두 마름모를 그림과 같이 겹치게 붙였습니다. 만든 도형의 전체 넓이는 몇 cm²입니까?

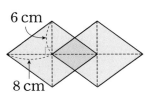

01

크기가 같은 정사각형 3개를 겹치지 않게 이어 붙여서 만든 도형입니다. 도형에서 색칠한 부분의 넓이가 150 cm²일 때, 정사각형 한 개의 둘레는 몇 cm입니까?

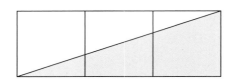

新 경향**문제**

02

직사각형과 정사각형을 붙여 만든 도형입니다. 도형 전체의 넓이가 256 cm² 일 때, 이 도형의 둘레는 몇 cm입니까?

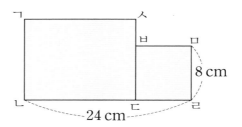

03

정사각형의 각 변의 가운데 점을 이어 작은 정사각형을 계속 그린 것입니다. 색칠한 정사각형의 넓이는 몇 cm²입니까?

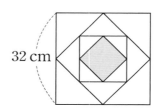

04

가장 작은 직사각형의 가로의 길이는 세로의 길이의 6배입니다.

오른쪽 그림은 정사각형을 똑같은 직사각형 6개로 나눈 것입니다. 가장 작은 직사각형 1개의 둘레가 42 cm일 때, 처음 정사각형의 넓이는 몇 cm²입니까?

新 경향문제

05

도형을 적당히 나누어 각 부분의 넓이를 구하여 더합니다.

다음 도형에서 색칠한 부분의 넓이를 구하시오.

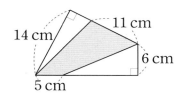

06

삼각형 ㅁㅂㅅ은 겹쳐진 부분이므로 색칠한 두 도형의 넓이는 같습니다.

삼각형 ㄱㄴㅅ과 삼각형 ㄹㅂㄷ은 모양과 크기가 같습니다. 색칠한 부분의 넓이를 구하시오.

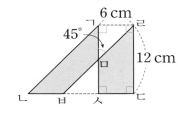

07

오른쪽 도형에서 삼각형 ㄱㄴㄹ의 넓이는 476 cm²입니다. 삼각형 ㄹㄴㄷ의 넓이를 구하시오.

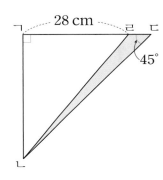

新 경향문제

08

보조선을 그어 3개의 삼각형으로 나눈 후 넓이를 구해 더합니다.

오른쪽 도형의 넓이를 구하시오.

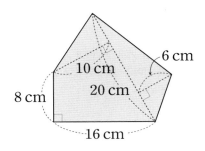

6

단원

09

삼각형 ㄱㅁㄹ의 넓이를 이용해 사다리꼴의 높이를 구합니다.

사다리꼴 ㄱㄴㄷㄹ의 넓이를 구하시오.

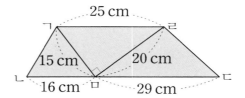

10

오른쪽 그림에서 선분 ㄱㄴ과 선분 ㄹㅁ이 평행할 때 사각형 ㄱㅁㄷㄹ의 넓이를 구하시오.

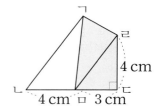

11

오른쪽 그림에서 사다리꼴 ㄱㄴㄷㄹ의 넓이와 정사각형 ㄹㄷㅁㅂ의 넓이가 같습니다. 선분 ㄱㄹ과 선분 ㄴㄷ의 길이를 각각 구하시오.

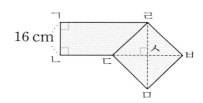

12

직사각형의 가로 한 변과 세로 한 변의 길이의 합은 둘레의 절반입니다.

오른쪽 그림과 같이 큰 직사각형을 작은 직사각형 ㉮, ㉯, ㉰, ㉱로 나누고 각각 둘레를 재어 보니 차례로 30 cm, 34 cm, 30 cm, 26 cm였습니다. 큰 직사각형의 넓이는 몇 cm²입니까?

18 cm	
㉮	㉱
㉯	㉰

13

오른쪽 사다리꼴 ㄱㄴㄷㄹ을 선분 ㄱㅁ으로 나누었더니 나누어진 두 도형의 넓이가 같았습니다. 선분 ㄴㅁ의 길이는 몇 cm입니까?

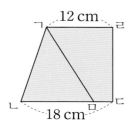

14

밑변의 길이와 높이가 같은 삼각형의 넓이는 같습니다.

삼각형 ㄱㄹㅁ과 삼각형 ㄹㅂㄷ의 넓이가 같을 때, 오른쪽 도형의 전체 넓이를 구하시오.

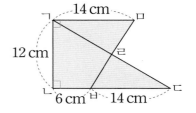

6 단원

新 경향문제

15

삼각형 ㄱㄴㅁ과 삼각형 ㄱㄹㅅ에서 삼각형 ㄱㅁㅂ은 공통인 부분입니다.

오른쪽 그림에서 사각형 ㄱㄴㄷㄹ은 직사각형입니다. 삼각형 ㄱㄴㅂ과 사각형 ㅁㅂㅅㄹ의 넓이가 같을 때, 변 ㄱㄴ의 길이는 몇 cm입니까?

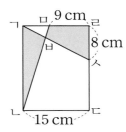

16

높이가 같은 두 삼각형에서 한 삼각형의 밑변이 다른 삼각형의 밑변의 ●배이면 넓이도 ●배가 됩니다.

도형에서 색칠한 부분의 넓이가 48 cm²일 때, 삼각형 ㄱㅁㄹ의 넓이를 구하시오.

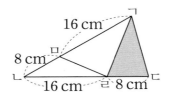

1 도형의 둘레를 구하시오.

(1)

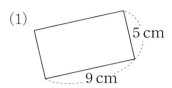

(2) 7 cm

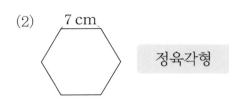

정육각형

2 어떤 정사각형의 넓이가 64 cm²일 때, 이 정사각형의 한 변의 길이는 몇 cm입니까?

3 도형의 넓이를 구하시오.

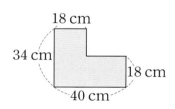

4 직사각형에서 색칠한 부분의 넓이가 15 cm²라면, 직사각형 ㄱㄴㄷㄹ의 넓이는 몇 cm²입니까?

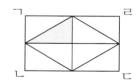

5 오른쪽 정사각형을 겹치지 않게 옆으로 나란히 5개 이어 붙였을 때, 만들어진 직사각형의 둘레는 몇 cm입니까?

7 cm

6 동민이는 40 cm 길이의 철사를 모두 사용하여 정사각형을 만들었습니다. 동민이가 만든 정사각형의 넓이는 몇 cm²입니까?

7 ☐ 안에 알맞은 수를 써넣으시오.

(1) 8 m² = ☐ cm²

(2) 57000 cm² = ☐ m²

(3) 6 km² = ☐ m²

(4) 4500000 m² = ☐ km²

8 평행사변형의 넓이가 45 cm²일 때, ☐ 안에 알맞은 수를 써넣으시오.

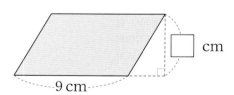

9 평행사변형 ㉮와 삼각형 ㉯의 넓이의 합은 몇 cm²입니까?

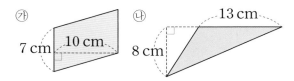

10 삼각형과 평행사변형의 넓이가 같을 때, 평행사변형의 밑변 ㉠은 몇 cm입니까?

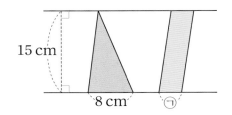

11 □ 안에 알맞은 수를 써넣으시오.

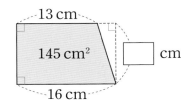

12 반지름이 17 cm인 원 안에 가장 큰 마름모를 그린 것입니다. 마름모의 넓이는 몇 cm²입니까?

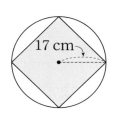

13 평행사변형 ㄱㄴㄷㄹ에서 색칠한 부분의 넓이를 구하시오.

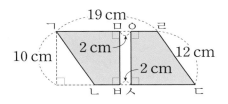

新 경향문제

14 도형의 넓이를 구하시오.

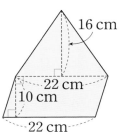

15 직사각형에서 폭이 일정한 선을 그었습니다. 색칠한 부분의 넓이는 몇 cm²입니까?

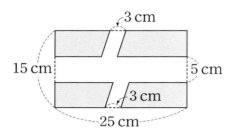

16 정사각형 ㄱㄴㄷㄹ에서 색칠한 부분의 넓이는 몇 cm²입니까?

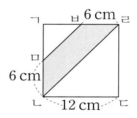

17 사다리꼴의 넓이는 몇 cm²입니까?

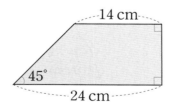

18 도형은 정사각형 4개를 겹치지 않게 붙여 놓은 것입니다. 이 도형의 둘레가 60 cm일 때 넓이는 몇 cm²인지 설명하시오.

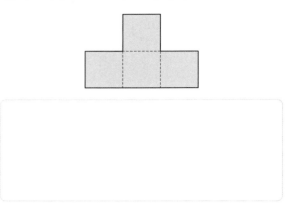

19 사다리꼴의 넓이가 170 cm²일 때, ㉠은 몇 cm인지 설명하시오.

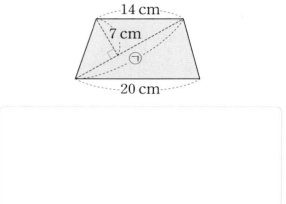

20 오른쪽 사다리꼴 ㄱㄴㄷㄹ에서 삼각형 ㉮의 넓이가 54 cm²이고 삼각형 ㉯의 넓이가 ㉮의 넓이의 $1\frac{7}{9}$배일 때, 변 ㄴㄷ은 몇 cm인지 설명하시오.

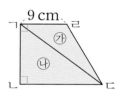

초등
왕수학

상위권 도약을 위한
길라잡이

왕수학

실력편

정답과
풀이

5·1

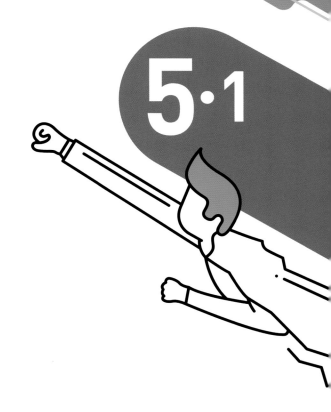

(주)에듀왕
www.eduwang.com

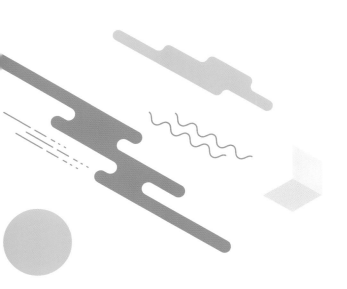

정답과 풀이

5-1

정답과 풀이

1. 자연수의 혼합 계산

6~7쪽

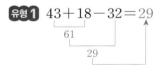 **개념 확인하기**

1 (1) 34, 24, 34 (2) 40, 20, 40
2 (1) 18, 6, 18 (2) 2, 24, 2
3 (1) 107, 7, 100, 107 (2) 35, 5, 25, 35
4 (1) 10, 35, 25, 10 (2) 18, 20, 4, 18
5 ㉡, ㉢, ㉣, ㉠   **6** (1) 22 (2) 2
7 3, 6, ÷, 2, M+, 5, ×, 2, M−, 9, ÷, 3, M+, MR
8 ⑩ 1, 5, ÷, 3, =, 1, 9, ×, 2, =, 2, 0, ÷, 2, =, GT

기본 유형 익히기

8~13쪽

유형**1** $43+18-32=29$
　　　$\underbrace{61}$
　　$\underbrace{\quad 29 \quad}$

1-1 23, 15, 23
1-2 (1) 320 (2) 39 (3) 36
1-3 (1) $50-20+30=60$ (2) $15+42-24=33$
1-4 ㉡   **1-5** ㉣
1-6 8, 30, 8   **1-7** (1) 370 (2) 376
1-8 (1) $65-(46+19)=0$
　　　(2) $80-(23+14)=43$
1-9 $2000-(750+400)=850$, 850원
1-10 (1) < (2) >   **1-11** ㉢, ㉣, ㉠, ㉡
유형**2** $72÷9×7=56$
　　　$\underbrace{8}$
　　$\underbrace{\quad 56 \quad}$

2-1 36, 4, 36
2-2 (1) 3 (2) 10 (3) 132 (4) 72
2-3 (1) $70÷5×7=98$ (2) $18×6÷9=12$
2-4 ㉠   **2-5** $20×3÷5=12$, 12개
2-6 (1) 풀이 참조 (2) 풀이 참조

2-7 (1) 11 (2) 6 (3) 48 (4) 90
2-8 (1) ㉠=176, ㉡=11
　　(2) ⑩ 주어진 두 식은 나열된 수와 연산 기호는 같지만 ( )가 있느냐 없느냐에 따라 계산 순서가 달라지므로 계산 결과가 다릅니다.
2-9 $240÷(12×4)=5$, 5시간
유형**3** $10+5×9-34=21$
　　　　　$\underbrace{45}$
　　　$\underbrace{\quad 55 \quad}$
　　　　$\underbrace{\qquad 21 \qquad}$

3-1 (1) ㉢ (2) ㉢   **3-2** ㉡
3-3 <
3-4 (1) 풀이 참조 (2) 풀이 참조
3-5 (1) 54 (2) 258
3-6 (1) $60-8+3×5=67$
　　　(2) $60-(8+3)×5=5$
3-7 $50-(2+3)×8=10$, 10개
유형**4** ㉡
4-1 (1) 풀이 참조 (2) 풀이 참조
　　　(3) 풀이 참조 (3) 풀이 참조
4-2 (1) > (2) <   **4-3** (1) 6 (2) 19
4-4 (1) $40-(32-8)÷6=36$
　　　(2) $48÷6-32÷8=4$
4-5 ㉢
4-6 $1200+4000÷4-2000=200$, 200원
유형**5** 121, 68, 136, 146, 121
5-1 (1) 풀이 참조 (2) 풀이 참조 (3) 풀이 참조
5-2 (1) 64 (2) 72
5-3 (1) $20-10×4÷8+23=38$
　　　(2) $34+(35-7)÷4-17=24$
5-4 $13+12×4-48÷6=53$
5-5 ㉢
5-6 $900÷3-(40+68)×2=84$, 84개

1-5 ㉣ $29-20+4=9+4=13$

1-7 (1) $800-(350+80)=800-430=370$
　　　(2) $280-(142-78)+160=280-64+160$
　　　　　　　　　　　　　　　　$=216+160=376$

1-10 (1) $40-(5+7)=28$, $40-5+7=42$
(2) $28-8+6=26$, $28-(8+6)=14$

1-11 ㉠ 49 ㉡ 41 ㉢ 55 ㉣ 54

2-4 ㉠ 25, ㉡ 28, ㉢ 30

2-6 (1) $96÷(8×2)=96÷16=6$

(2) $84÷(4×3)=84÷12=7$

3-2 ㉡ $59-9×3+10=59-27+10$
$=42$

3-3 $38-5×6+8=38-30+8=16$
$(38-5)×6+8=33×6+8=206$

3-4 (1) $65-(4+5)×7=65-9×7$
$=65-63$
$=2$

(2) $9×(6+12)-8=9×18-8$
$=162-8$
$=154$

3-6 (1) $60-8+3×5=52+15=67$

(2) $60-(8+3)×5=60-11×5=5$

4-1 (1) $73-56÷7+9=73-8+9$
$=65+9$
$=74$

(2) $56+(30-12)÷6=56+18÷6$
$=56+3$
$=59$

(3) $45÷(9-4)+15=45÷5+15$
$=9+15$
$=24$

(4) $80+40÷(11-7)=80+40÷4$
$=80+10$
$=90$

4-2 (1) $15+21-18÷3=15+21-6=30$

(2) $15+(21-18)÷3=15+1=16$

(2) $(50-25)÷5+5=25÷5+5=5+5=10$
$50-25÷5+5=50-5+5=50$

4-4 (1) $40-(32-8)÷6=36$

(2) $48÷6-32÷8=4$

4-5 ㉠ 28, ㉡ 16, ㉢ 5

5-1 (1) $48÷3-(4+2)×2=48÷3-6×2$
$=16-6×2$
$=16-12$
$=4$

(2) $30+6×8÷4-15=30+48÷4-15$
$=30+12-15$
$=42-15$
$=27$

(3) $9+5×(20-8)÷3=9+5×12÷3$
$=9+60÷3$
$=9+20$
$=29$

5-4 $13+12×4-8=53$에서 8 대신에 $48÷6$을 넣습니다.

5-5 ㉠ 32, ㉡ 37

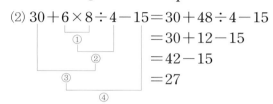

step 3 기본 유형 다지기 14～19쪽

1 (위의 식에)○

2 (선 교차)

3 (1) 75 (2) 56

4 (1) $70÷5×7=98$ (2) $70÷(5×7)=2$

5 $60÷6×2000=20000$, 20000원

6 예 27명의 학생들이 차 한 대에 9명씩 탔습니다. 차 한 대마다 과자를 4봉지씩 주려면, 과자가 몇 봉지 필요합니까?, 12봉지 **7** ×

8 (1) 66 (2) 38

9 (1) $70-8+3×5=77$
(2) $70-(8+3)×5=15$

10 (1) > (2) < **11** ㉡, ㉣, ㉢, ㉠

12 64, 13, 27, 37, 64 **13** 풀이 참조

14 풀이 참조   **15** 풀이 참조

16 48 cm

17 $24-(8+12)=4$, 4명

18 $6\times12\div4=18$, 18자루

19 43개   **20** ㉡

21 ㉢   **22** ㉡, ㉣, ㉠, ㉢

23 $(68-32)\times10\div18=20$, 20℃

24 $60\div3$에 ○표, 풀이 참조

25 (1) <   (2) <   **26** 53

27 ×   **28** ㉣

29 15   **30** 53

31 41   **32** 39개

33 $+$, $\div$ **34** $(5+7)$

35 ⑤   **36** 137, 87, 58

37 520원

38 $32-18+64\div8\times4=46$

39 279   **40** 41세

41 16   **42** >

43 $(4+6)$ **44** 162

45 $10000-(2400+1200\div2\times3+3000\div2)$
    $=4300$, 4300원

46 57

47 공깃돌은 정사각형 1개를 만드는 데 12개가 필요
하고, 그 다음부터는 정사각형이 1개씩 늘어날 때
마다 공깃돌이 8개씩 더 필요합니다.
따라서 정사각형 15개를 만들려면 공깃돌은 모두
$12+8\times14=124$(개)가 필요합니다.

1 $95-12+8-27=83+8-27=91-27=64$
    $22+13\times6-19=22+78-19=81$

3   (1) $15\times(20\div4)=15\times5=75$
    (2) $16\times4\div8\times7=64\div8\times7=8\times7=56$

6 $27\div9\times4=3\times4=12$

7   가 : $54\div9\div2=6\div2=3$이므로
    나 : $54\div(9\,\square\,2)=3$에서 $54\div18=3$입니다.
    따라서 $9\,\square\,2=18$이고, $9\times2=18$이므로 □ 안에
    알맞은 기호는 ×입니다.

9   (1) $70-8+3\times5=62+15=77$

---

    (2) $70-(8+3)\times5=70-11\times5=15$

11 ㉠ 10 ㉡ 128 ㉢ 36 ㉣ 60

13 $92-60\div4\times2+5=92-15\times2+5$
                   $=92-30+5$
                   $=62+5$
                   $=67$

14 $38+9\times(5-3)\div6=38+9\times2\div6$
                     $=38+18\div6$
                     $=38+3$
                     $=41$

15 $40\div(6+4)\times5-10=40\div10\times5-10$
                     $=4\times5-10$
                     $=20-10$
                     $=10$

16 도형에서 굵은 선은 정삼각형의 한 변 8개로 둘러싸
여 있습니다.
$18\div3\times8=6\times8=48$(cm)

17 제기차기 놀이를 한 동국이네 반 학생은
$8+12=20$(명)입니다.
(닭싸움 놀이를 한 학생 수)
$=$(동국이네 반 학생 수)$-$(제기차기 놀이를 한 학
생 수)

18 (연필 6타)$=6\times12=72$(자루)

19 1   4   7   10   점의 개수가 3개씩 늘어나는 규
    $+3$ $+3$ $+3$ 칙이므로 15번째에 찍히는 점
은 $1+3\times14=43$(개)입니다.

20 ㉢, ㉣, ㉠, ㉡의 순서로 계산해야 합니다.

21 ㉢ $80-30\div5\times2+10=80-6\times2+10$
                      $=80-12+10=78$

24 $30+(42-12)\div3=30+30\div3$
                    $=30+10$
                    $=40$

26 ㉠$=9$, ㉡$=62$이므로 $62-9=53$입니다.

27 $30-5\boxtimes6\div2+10=30-30\div2+10$
                    $=30-15+10$
                    $=25$

28 ㉣ $60-36\div2\times3=60-18\times3=60-54=6$,

$$60-36\div(2\times3)=60-36\div6$$
$$=60-6=54$$

29 $42\div6+\square+4\times2=30$
$7+\square+8=30,\ 7+\square=30-8=22$
$\square=22-7=15$

30 $(19+\bullet)\div8=4+5=9,\ 19+\bullet=9\times8=72$
$\bullet=72-19=53$

31 어떤 수를 □라고 하면 $(\square-7)\div2=4\times3+5$
$(\square-7)\div2=12+5=17,\ \square-7=17\times2=34$
$\square=34+7=41$
따라서 어떤 수는 41입니다.

33 $8+45\div5-7=8+9-7=10$

34 $42-3\times(5+7)\div4=42-3\times12\div4$
$$=42-36\div4$$
$$=42-9=33$$

35 ⑤ $(22\times6)\div2=66$ $22\times6\div2=66$
　　　　132　　　　　　132
　　　　　66　　　　　　66

37 $(180\times12\times2+300\times3+150\times2)-5000$
$=(4320+900+300)-5000$
$=5520-5000=520(원)$

38 $32-18+64\div8\times4=32-18+8\times4$
$$=32-18+32$$
$$=14+32=46$$

39 $9\blacklozenge10=(9\times10)-(9+10)$
$$=90-19=71$$
$5\blacklozenge71=(5\times71)-(5+71)$
$$=355-76=279$$

40 내 나이를 □ 살이라고 하면 할아버지의 연세는 67세이므로 $\square\times6-5=67$
$\square\times6=67+5=72,\ \square=72\div6=12$
따라서 아버지의 연세는 $12\times3+5=41(세)$입니다.

41 어떤 수를 □라 하여 식을 세우면
$(34-\square)\times6=120\div3+68,$
$(34-\square)\times6=40+68=108,$
$34-\square=18,\ \square=16$

42 $135-88\div22+9=135-4+9$
$$=131+9=140$$
$15+(84-32)\div4\times8=15+52\div4\times8$
$$=15+13\times8$$
$$=15+104$$

$$=119$$

43 ( )의 위치를 찾을 때, ( )를 넣어도 계산 순서가 바뀌지 않는 경우는 따로 계산해 보지 않아도 됩니다.

44 ㉠=94, ㉡=68이므로 94+68=162입니다.

46 $5\times10-(\square+3)\div6=40$
　$\Rightarrow(\square+3)\div6=50-40=10$
　$\Rightarrow\square+3=10\times6=60$
　$\Rightarrow\square=57$

step 4 응용실력기르기　　20~23쪽

1 ④　　　　　**2** 6개
3 41　　　　　**4** $(44-4),(4+4)$
5 15
6 $10000-(\square\times7+1000\times3)=1540,\ 780원$
7 $(3000+2000)\times2+1000-(3000+2000)$
　$=6000,\ 6000원$
8 ÷　　　　　**9** 12, 4
10 >　　　　 **11** 8
12 $155\div5\times2-(7\times4+19)=15,\ 15송이$
13 3　　　　　**14** ㉢
15 4, 0, +, 8, 0, ÷, 2, =, =, =
16 2, 4, ×, 5, M+, 2, 8, ÷, 7, M−, 1, 6, ×, 5, M+, MR

1 ④ $8-3\times2+3=8-6+3=5$

2 $36\div3\times5=12\times5=60\ \Rightarrow\ 60>9\times\square$
$9\times6=54,\ 9\times7=63$이므로 □ 안에는 7보다 작은 수인 1, 2, 3, 4, 5, 6이 들어갈 수 있습니다.
따라서 □ 안에 들어갈 수 있는 수는 모두 6개입니다.

3 ㉠$=15+3\times(45-33)-9\div9$
$$=15+3\times12-9\div9$$
$$=15+36-1$$
$$=50$$
㉡$=(16+50\times4)\div6+5$
$$=216\div6+5$$
$$=36+5$$
$$=41$$

4 덧셈과 뺄셈을 곱셈과 나눗셈보다 먼저 계산하려면
( )로 묶어야 합니다.

5 $57 ☆ 7 = 57 - 7 × 7 + 7$
$= 57 - 49 + 7$
$= 15$

6 $10000 - (\square × 7 + 1000 × 3) = 1540$
$\square × 7 + 1000 × 3 = 10000 - 1540 = 8460$
$\square × 7 = 8460 - 3000 = 5460$
$\square = 5460 ÷ 7 = 780$

8 $36 ÷ (8 + 4) × 5 + 5 = 60 ÷ 3$
12
3
15
20
20

9 계산 결과가 가장 클 때 : $36 ÷ (2 × 3) + 6 = 12$,
계산 결과가 가장 작을 때 : $36 ÷ (3 × 6) + 2 = 4$

10 $27 + 4 × 18 - (6 + 25 ÷ 5) × 2$
$= 27 + 72 - (6 + 5) × 2$
$= 99 - 22 = 77$

11 $340 ÷ 2 - (15 + \square) × 4 = 78$
$170 - (15 + \square) × 4 = 78$,
$(15 + \square) × 4 = 170 - 78 = 92$
$15 + \square = 92 ÷ 4 = 23$, $\square = 23 - 15 = 8$

12 $155 ÷ 5 × 2 - (7 × 4 + 19) = 15$
31
28
62
47
15

13 $8 × (9 + 5) - 40 = 72$이므로
$(21 - \square) × (28 ÷ 7) = 72$, $(21 - \square) × 4 = 72$
$21 - \square = 72 ÷ 4 = 18$, $\square = 21 - 18 = 3$

14 ㉠ $5 × (4 + 6) - 18 ÷ 3 = 44$,
$5 × 4 + 6 - 18 ÷ 3 = 20$
㉡ $(7 + 16) × 8 ÷ 2 = 92$, $7 + 16 × 8 ÷ 2 = 71$
㉢ $(44 + 12) ÷ 4 - 2 × 3 = 8$,
$44 + 12 ÷ 4 - 2 × 3 = 41$
㉣ $(40 ÷ 5 + 24) ÷ 4 × 5 = 40$,
$40 ÷ 5 + 24 ÷ 4 × 5 = 38$

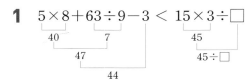 **응용실력 높이기** 24~27쪽

1 1   **2** 69
3 ×, ÷   **4** 6
5 1500원
6 (1) $1900 × 2 + 400 × 4 + 350 × 10 + 1000 ÷ 5$
$× 2 + 300 × 10 = 12300$, 12300원
(2) 예 샌드위치 재료를 사고 남은 돈은
$20000 - 12300 = 7700$(원)입니다. 7700원으
로 사과를 최대한 많이 사 오라고 하셨으므로
$7700 ÷ 500 = 15 \cdots 200$이므로 사과를 15개까
지 살 수 있고 200원이 남습니다.
7 62   **8** ×, -, +, ÷
9 16
10 $200 × 8 - 20 × 7 = 1460$, 1460 cm
11 ㉠ 3, 6, ×, 2, M+, 4, 0, ÷, 2, M-, 1, 5,
÷, 3 M+, MR
㉡ 예 4, 2, ×, 3, =, 2, 5, ×, 4, =, 7, 2, ÷,
1, 2, =, GT / 175
12 $732 - (1020 - 732) ÷ 3 × 7 = 60$, 60 g
13 6, 7   **14** 52, 2

---

1 $5 × 8 + 63 ÷ 9 - 3$ < $15 × 3 ÷ \square$
40
7
47
44
45
$45 ÷ \square$

따라서 $44 < 45 ÷ \square$ 이므로 $\square$ 안에 알맞은 자연수
는 1입니다.

2 ㉠ : 108, ㉡ : 145, ㉢ : 76
$\Rightarrow 145 - 76 = 69$

4 $2 + 36 ÷ 4 + (30 + \square) ÷ 3 = 23$
$2 + 9 + (30 + \square) ÷ 3 = 23$,
$11 + (30 + \square) ÷ 3 = 23$
$(30 + \square) ÷ 3 = 23 - 11 = 12$,
$30 + \square = 12 × 3 = 36$
$\square = 36 - 30 = 6$

5 (비누 9개와 치약 2개의 값)
$= (3000 ÷ 6) × 9 + 1250 × 2 = 7000$(원)
(현주에게 남은 돈) $=$ (거스름돈) $÷ 2$
$= (10000 - 7000) ÷ 2$
$= 3000 ÷ 2 = 1500$(원)

7 $\square ÷ \square × \square$의 값이 가장 작을 때 계산 결과는 가장

큽니다. 따라서 $60-\boxed{8}\div\boxed{4}\times\boxed{2}+\boxed{6}=62$입니다.

8 $3\times12-(6+2)\div8=35$

$$\underset{\underset{\underset{35}{\underline{\qquad\qquad}}}{\underset{1}{\underline{\qquad}}}}{\underset{36}{\underline{\quad}}\quad\underset{8}{\underline{\quad}}}$$

9 $\square\heartsuit2=88$, $\square\times8-(24-8\div2)\times2=88$,
$\square\times8-20\times2=88$, $\square\times8=128$, $\square=16$

10 $2\,m=200\,cm$
(전체 길이)
$=$ ($2\,m$짜리 색 테이프 8개의 길이) $-$ (겹쳐진 부분 7개의 길이)
$=200\times8-20\times7=1600-140=1460\,(cm)$

11 ㉠ 57 ㉡ 232 ⇨ $232-57=175$

12 상자 귤 7개 귤 3개

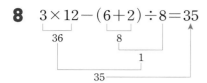

상자만의 무게를 하나의 식으로 나타내면
$732-(1020-732)\div3\times7=60\,(g)$

13 $48>6\times\square$에서 □ 안에 들어갈 수 있는 자연수는 $1\sim7$이고 $38<7\times\square$에서 □ 안에 들어갈 수 있는 자연수는 $6,\ 7,\ 8,\ \cdots\cdots$이므로 공통으로 들어갈 수 있는 자연수는 $6,\ 7$입니다.

14 가장 큰 자연수를 만들려면 곱하거나 더하는 수에는 큰 수를 사용하고, 나누거나 빼는 수에는 작은 수를 사용해야 합니다.
⇨ $8\times6+4\div1=52$ 또는 $8\times6\div1+4=52$
가장 작은 자연수를 만들려면 곱하거나 더하는 수에는 작은 수를 사용하고, 나누거나 빼는 수에는 큰 수를 사용해야 합니다.
⇨ $4\div1+6-8=2$ 또는 $6\div1+4-8=2$
또는 $6\times4\div8-1=2$

단원평가 28~30쪽

1 (1) $200,\ 92,\ 229$ (2) $56,\ 7,\ 49$
2 ②   **3** (1) 316 (2) 31
4 ②   **5** $>$
6 $16+32-19=29$, 29송이
7 31개
8 $59-56\div7\times4=27$ **9** ㉢, ㉡, ㉠

10 (1) 풀이 참조 (2) 풀이 참조
11 $\times,\ -$ **12** 4
13 $(8+24)$ **14** ㉠
15 $12\times3+(14+10)\times2=84$, 84 cm
16 $(36+28)\div(5+3)=8$, 8개
17 $420\div7-540\div10=6$, 6쪽
18 ③, 덧셈과 곱셈이 섞여 있는 식은 곱셈을 먼저 계산해야 하기 때문에 ③은 앞에서부터 차례로 계산하면 틀린 답이 나옵니다.
19 흰색, 검은색 바둑돌이 번갈아가며 놓이므로 10번째에는 검은색 바둑돌이 놓입니다. 검은색 바둑돌의 개수를 수로 나타내면 9, 17, $\cdots\cdots$로 8개씩 많아지는 규칙이므로 10번째에는 검은색 바둑돌이 $9+8\times4=41\,(개)$ 놓입니다.
20 사과 1개는 $(1620\div3)$원, 배 1개는 $(4900\div7)$원, 귤 1개는 $(1500\div6)$원입니다. 사과 1개와 귤 1개의 값의 합과 배 1개의 값의 차를 식으로 만들어 구하면 $1620\div3+1500\div6-4900\div7$ $=540+250-700=90$ (원)입니다.

1 (1) $121+40\times5-92=229$

$$\underset{\underset{\underset{229}{\underline{\qquad\qquad}}}{\underset{321}{\underline{\qquad}}}}{\underset{200}{\underline{\quad}}}$$

(2) $224\div4-91\div13=49$

$$\underset{\underset{49}{\underline{\qquad\qquad}}}{\underset{56}{\underline{\quad}}\quad\underset{7}{\underline{\quad}}}$$

2 ① $12\times5+7$ ③ $34\div17+5$

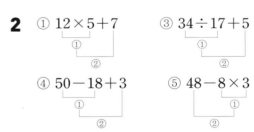

④ $50-18+3$ ⑤ $48-8\times3$

3 (1) $542-(79+147)=316$

$$\underset{\underset{\underset{316}{\underline{\qquad\qquad}}}{\underset{316}{\underline{\qquad}}}}{\underset{226}{\underline{\quad}}}$$

(2) $124\div(36-32)=31$

$$\underset{\underset{31}{\underline{\qquad\qquad}}}{\underset{4}{\underline{\quad}}}$$

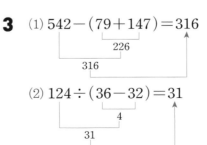

5 $136-55+37=81+37=118$
$136-(55+37)=136-92=44$

6 $16+32-19=48-19=29$(송이)

7

정삼각형의 수(개)	1	2	3	4	…	15
면봉의 수(개)	3	5	7	9	…	31

$+2 \quad +2 \quad +2 \quad \quad 3+2\times14$

8 $59-8\times4=27$에서 8 대신에 $56\div7$을 넣습니다.

참고 $56\div7$에 ( )를 사용하지 않아도 식의 계산 결과는 똑같기 때문에 ( )를 넣어도 되고, 넣지 않아도 됩니다.

9 ㉠ 41 ㉡ 76 ㉢ 98

10 (1) $90\div3\times(35-26)-72\div4=252$

$\quad \quad 30 \quad \quad 9 \quad \quad \quad 18$
$\quad \quad \quad 270$
$\quad \quad \quad \quad 252$

(2) $2\times35+46\div2+50-3\times5=128$

$\quad 70 \quad \quad 23 \quad \quad \quad \quad 15$
$\quad \quad \quad 93$
$\quad \quad \quad \quad 143$
$\quad \quad \quad \quad \quad 128$

12 $33-(11\times\square-3\times12)\times4=1$

$\Rightarrow (11\times\square-3\times12)\times4=32$
$\Rightarrow 11\times\square-3\times12=8$
$\Rightarrow 11\times\square-36=8$
$\Rightarrow 11\times\square=44$
$\Rightarrow \square=4$

13 $40-4\times(8+24)\div8=40-4\times32\div8$
$\quad \quad \quad \quad \quad \quad \quad \quad \quad =40-16=24$

14 ㉠ 27 ㉡ 24 ㉢ 7

15 $12\times3+(14+10)\times2$
$=12\times3+24\times2=36+48$
$=84$(cm)

16 $(36+28)\div(5+3)=64\div8=8$(개)

17 $420\div7-540\div10=60-54=6$(쪽)

2. 약수와 배수

step 1 개념 확인하기 32~33쪽

1 1, 2, 5, 10 / 1, 2, 5, 10

2 (1) 3, 6, 9, 12, 15 (2) 7, 14, 21, 28, 35

3 (1) 14, 7, 1, 2, 7, 14, 1, 2, 7, 14
(2) 18, 9, 6, 3, 3, 6, 9, 18, 배수, 3, 6, 9, 18

4

16의 약수	1, 2, 4, 8, 16
18의 약수	1, 2, 4, 7, 14, 28
공약수	1, 2, 4
최대공약수	4

5 2, 10, 12, 5, 6, 2, 2, 4

6 3, 18, 21, 6, 7, 3, 6, 7, 252

7 90

2 (1) 3 을 1배, 2배, 3배, …… 한 수를 3의 배수라고 합니다.
$3\times1=3$, $3\times2=6$, $3\times3=9$,
$3\times4=12$, $3\times5=15$

7 $3\overline{)15 \quad 18}$
$\quad \quad 5 \quad \quad 6$
최소공배수 : $3\times5\times6=90$

step 2 기본 유형 익히기 34~39쪽

유형1 (1) 1, 2, 3, 4, 6, 12 (2) 1, 3, 9, 27

1-1 ( ) ( ) (○) **1-2** 8, 24

1-3 예 $258\div6=43$입니다. 258을 6으로 나누었을 때 나누어떨어지므로 6은 258의 약수입니다.

1-4 78

유형2
```
├─┼─┼─┼─●─┼─┼─┼─●─┼──┼──┼──┼──┤
1 2 3 4 5 6 7 8 9 10 11 12 13 14
```

2-1 130 **2-2** 8개

2-3

49	⟨243⟩	⟨981⟩	1090	⟨2340⟩

2-4 204

유형3 (1) 6, 9, 18 (2) 6, 9, 18

3-1 배수, 약수

3-2 15, 5, 1, 3, 5, 15, 5, 15, 배수

3-3 2, 3, 3, 12, 약수, 4, 6, 12
3-4 28, 14, 7, 7, 14, 28, 약수, 7, 14, 28, 배수
3-5 ⑤   **3-6** ②, ⑤
3-7 16
유형4 (1) 1, 2, 4, 8 (2) 1, 2, 3, 4, 6, 12 (3) 1, 2, 4
          (4) 4 (5) 4, 1, 2, 4, 공약수에 ○표
4-1 (1) 1, 2, 4, 8 (2) 1, 3, 5, 15
          (3) 1, 3 (4) 1, 2, 3, 6
4-2 (1) 10에 ○표 (2) 6에 ○표 (3) 8에 ○표
4-3 (그림)   **4-4** 1, 2, 3, 6
                                    4-5 10
4-6 풀이 참조   **4-7** ㉢, ㉠, ㉡, ㉤
4-8 ⑤   **4-9** ④
4-10 3, 3, 3, 7 / 3, 9, 21 / 3, 6
4-11 1, 2, 4, 5, 10, 20   **4-12** 8개
4-13 4, 8   **4-14** 6봉지
4-15 15 cm
유형5 (1) 12, 18, 24, 30, 36 (2) 30, 45, 60, 75
          (3) 30, 60, 90 (4) 30 (5) 30, 공배수에 ○표
5-1 140, 280, 420 / 140 **5-2** ②, ④
5-3 30, 60, 90, 120, 150 **5-4** 420
5-5 풀이 참조
5-6 (1) 60 (2) 120 (3) 144 (4) 168
5-7 36, 72, 108, 144, 180
5-8 ㉡   **5-9** ①, ③
5-10 ③, ⑤   **5-11** ㉠, ㉢, ㉡, ㉤
5-12 48   **5-13** 27개
5-14 4개   **5-15** (1) 30 cm (2) 15장

1-1 ♥의 약수 중 가장 작은 수는 1이고 가장 큰 수는
  자기 자신, 즉 ♥입니다.

1-2 52를 주어진 수로 나누었을 때 나누어떨어지는지
  확인합니다.
  $52 \div 8 = 6 \cdots 4$, $52 \div 24 = 2 \cdots 4$

유형2 수직선에서 찾을 수 있는 4의 배수는 $4 \times 1 = 4$,
  $4 \times 2 = 8$, $4 \times 3 = 12$입니다.

2-1 $13 \times 10 = 130$

2-2 만들 수 있는 두 자리 수는 24, 27, 28, 42, 47,
  48, 72, 74, 78, 82, 84, 87이고 이 중 3의 배수
  는 24, 27, 42, 48, 72, 78, 84, 87로 모두 8개입

니다.

🔑**별해** 각 자리의 숫자의 합이 3의 배수인 경우를
찾습니다. 따라서 24, 42, 27, 72, 48, 84, 78, 87
입니다.

2-3 $243 \div 9 = 27$, $981 \div 9 = 109$, $2340 \div 9 = 260$
🔑**별해** 어떤 수의 각 자리 숫자를 더한 값이 9의 배
수이면 그 수는 9의 배수입니다.
$243 \Rightarrow 2+4+3=9$, $981 \Rightarrow 9+8+1=18$,
$2340 \Rightarrow 2+3+4+0=9$

2-4 $200 \div 17 = 11 \cdots 13$이므로 17×11과 17×12 중
  에서 200에 더 가까운 수를 찾습니다.
  $17 \times 11 = 187$, $17 \times 12 = 204$이므로 17의 배수
  중에서 200에 가장 가까운 수는 204입니다.

3-5 ⑤ 32는 4와 8의 배수입니다.

3-6 ① $8 \div 3 = 2 \cdots 2$ ② $21 \div 3 = 7$ ③ $24 \div 7 = 3 \cdots 3$
  ④ $30 \div 8 = 3 \cdots 6$ ⑤ $40 \div 10 = 4$

3-7 4의 약수의 합 : $1+2+4=7$
  8의 약수의 합 : $1+2+4+8=15$
  12의 약수의 합 : $1+2+3+4+6+12=28$
  16의 약수의 합 : $1+2+4+8+16=31$

4-5 최대공약수 : $2 \times 5 = 10$

4-6 2) 18 30
  ─────────
      3) 9 15
  ─────────
         3   5 $\Rightarrow 2 \times 3 = 6$

4-7 ㉠ 1, 2, 4, 8 $\Rightarrow$ 4개 ㉡ 1, 2 $\Rightarrow$ 2개
  ㉢ 1, 2, 4 $\Rightarrow$ 3개 ㉤ 1, 2, 4, 8, 16 $\Rightarrow$ 5개

4-8 ① 12 ② 14 ③ 15 ④ 18 ⑤ 21

4-9 16과 24의 공약수는 1, 2, 4, 8입니다.

4-11 두 수의 공약수는 최대공약수의 약수와 같습니다.

4-12 48과 72의 최대공약수가 24이므로 두 수의 공약
  수는 24의 약수인 1, 2, 3, 4, 6, 8, 12, 24로 모
  두 8개입니다.

4-13 $43-3=40$, $51-3=48$이므로 □는 40과 48의
  공약수 중에서 3보다 큰 수입니다. 40과 48의 공
  약수는 1, 2, 4, 8이고 이 중 3보다 큰 수는 4, 8
  입니다.

4-14 사과 18개와 귤 24개를 똑같이 나누어 담을 수 있
  는 봉지 수는 18과 24의 공약수입니다. 18과 24
  의 최대공약수는 6이므로 6봉지까지 나누어 담을
  수 있습니다.

4-15 만들려는 가장 큰 정사각형의 한 변의 길이는 직사각형의 가로와 세로의 최대공약수입니다. 따라서 30과 45의 최대공약수는 15이므로 15 cm로 하면 됩니다.

5-2 6의 배수 : 6, 12, 18, 24, 30, 36, 42, 48, 54, …
9의 배수 : 9, 18, 27, 36, 45, 54, 63, …
⇨ 6과 9의 공배수 : 18, 36, 54, …

5-3 10의 배수 : 10, 20, 30, 40, 50, 60, 70, 80, 90, 100, 110, 120, 130, 140, 150, …
15의 배수 : 15, 30, 45, 60, 75, 90, 105, 120, 135, 150, …
⇨ 10과 15의 공배수 : 30, 60, 90, 120, 150, …

5-4 최소공배수 : $2 \times 5 \times 7 \times 2 \times 3 = 420$

5-5
$$\begin{array}{r} 3\overline{)\ 36\quad 45} \\ 3\overline{)\ 12\quad 15} \\ 4\quad\ 5 \end{array} \Rightarrow 3 \times 3 \times 4 \times 5 = 180$$

5-7 두 수의 공배수는 두 수의 최소공배수의 배수와 같습니다. 따라서 두 수의 공배수는 36의 배수인 36, 72, 108, 144, 180, …입니다.

5-8 ㉠ 56 ㉡ 84 ㉢ 40 ㉣ 60

5-10 ① 35 ② 60 ③ 182 ④ 45 ⑤ 144

5-11 ㉠ 20 ㉡ 27 ㉢ 24 ㉣ 96

5-12 두 수의 공배수는 최소공배수의 배수와 같습니다. 두 수의 공배수를 가장 작은 수부터 차례로 쓰면 12, 24, 36, 48, ……이므로 네 번째로 작은 수는 48입니다.

5-13 9와 12의 최소공배수는 36이므로 $1000 \div 36 = 27 \cdots 28$에서 27개입니다.

5-14 6과 8로 나누어떨어지는 수는 6과 8의 공배수입니다. 6과 8의 최소공배수는 24이므로 두 수의 공배수는 24의 배수입니다. 따라서 24, 48, 72, 96으로 모두 4개입니다.

5-15 (1) 6과 10의 최소공배수가 30이므로 한 변을 30 cm로 해야 합니다.
(2) $(30 \div 6) \times (30 \div 10) = 5 \times 3 = 15(장)$

---

1 ①, ③
2 (1) 1, 2, 3, 4, 6, 12 (2) 1, 3, 7, 21
3 ④　　**4** 54
5 6개　　**6** 16
7 1명, 2명, 4명, 7명, 8명, 14명, 28명, 56명
8 18
9

| 120 | 527 | 308 | 915 |

10 ④　　**11** 44, 48, 52, 56
12 48　　**13** 4개
14 6　　**15** 102
16 28개　　**17** 64, 96
18 1, 3, 5, 7, 9　　**19** 133
20 3개　　**21** ②, ④
22 ㉢, ㉣, ㉺
23 6, 18, 54
24 ①, ⑤
25 (1) 15 (2) 24 (3) 3 (4) 13
26 ㉢, ㉠, ㉡, ㉣
27 1, 2, 7, 14　　**28** ①
29 12　　**30** 1, 2, 4
31 1, 2, 4, 8, 16　　**32** 13
33 6명
34 연필 : 4자루, 공책 : 7권
35 40장
36 (1) 77 (2) 64 (3) 252 (4) 90
37 60　　**38** (1) 24, 48 (2) 24
39 2, 8, 14, 7 / 2, 7, 112
40 504　　**41** 30, 60, 90
42 최대공약수 : 15, 최소공배수 : 420
43

44 7　　**45** 192
46 45　　**47** 60 mm
48 오전 6시

1 ① 약수의 개수는 정해져 있습니다.
③ 어떤 수의 약수에 1과 어떤 수 자신은 항상 포함됩니다.

2 (1) 12를 나누어떨어지게 하는 수를 모두 구합니다.
$12 \div 1 = 12$, $12 \div 2 = 6$, $12 \div 3 = 4$,
$12 \div 4 = 3$, $12 \div 6 = 2$, $12 \div 12 = 1$
따라서 약수는 1, 2, 3, 4, 6, 12입니다.

(2) 21을 두 수의 곱으로 나타내면 $21 = 1 \times 21$,
$21 = 3 \times 7$입니다. 따라서 약수는 1, 3, 7, 21입니다.

3 ① 2개 ② 6개 ③ 5개 ④ 8개 ⑤ 4개

4 어떤 수의 약수 중 가장 큰 수는 그 수 자신이 됩니다. 따라서 주어진 수들은 54의 약수입니다.

5 44를 나누어떨어지게 하는 수는 44의 약수입니다.
44의 약수는 1, 2, 4, 11, 22, 44로 모두 6개입니다.

6 80의 약수는 1, 2, 4, 5, 8, 10, 16, 20, 40, 80이고 이 중 십의 자리 숫자가 1인 수는 10, 16이며, 두 수 중 30의 약수가 아닌 수는 16입니다.

7 56의 약수를 구하면 1, 2, 4, 7, 8, 14, 28, 56입니다.

8 18의 약수의 합 : $1+2+3+6+9+18=39$
21의 약수의 합 : $1+3+7+21=32$

9 3으로 나누어떨어지는 수를 찾습니다.
$120 \div 3 = 40$, $527 \div 3 = 175 \cdots 2$,
$308 \div 3 = 102 \cdots 2$, $915 \div 3 = 305$
🔑 **별해** 3의 배수인 수는 각 자리의 숫자의 합이 3의 배수입니다.
$1+2+0=3(\bigcirc)$, $5+2+7=14(\times)$,
$3+0+8=11(\times)$, $9+1+5=15(\bigcirc)$

10 ④ $133 \div 11 = 12 \cdots 1$

11 $4 \times 10 = 40$, $4 \times 11 = 44$, $4 \times 12 = 48$,
$4 \times 13 = 52$, $4 \times 14 = 56$, $4 \times 15 = 60$

12 1번째 : $8 \times 1 = 8$, 2번째 : $8 \times 2 = 16$, 3번째 : $8 \times 3 = 24$, $\cdots$, 6번째 : $8 \times 6 = 48$

13 $23 \times 1 = 23$, $23 \times 2 = 46$, $23 \times 3 = 69$,
$23 \times 4 = 92$, $23 \times 5 = 115$, $\cdots$에서 두 자리 수는 23, 46, 69, 92이므로 4개입니다.

14 7의 배수는 7로 나누어떨어지는 수입니다.
□에 가장 큰 수 9를 넣으면 $129 \div 7 = 18 \cdots 3$이므로 12□는 $7 \times 18 = 126$입니다.
따라서 □ 안에 들어갈 수 있는 숫자는 6입니다.

15 $6 \times 15 = 90$, $6 \times 16 = 96$, $6 \times 17 = 102$, $\cdots$

6의 배수 중에서 100에 가장 가까운 수는 102입니다.
🔑 **별해** $100 \div 6 = 16 \cdots 4$이므로 100에 가장 가까운 6의 배수는 $6 \times 17 = 102$입니다.

16 1부터 320까지의 자연수 중에서 8의 배수는 $320 \div 8 = 40$(개)이고, 1부터 99까지의 자연수 중에서 8의 배수는 $99 \div 8 = 12 \cdots 3$이므로 12개입니다.
따라서 100부터 320까지의 자연수 중에서 8의 배수는 $40 - 12 = 28$(개)입니다.

17 $16 \times 3 = 48$, $16 \times 4 = 64$, $16 \times 5 = 80$,
$16 \times 6 = 96$, $16 \times 7 = 112$이므로 50보다 크고 100보다 작은 자연수 중 가장 작은 16의 배수는 64, 가장 큰 16의 배수는 96입니다.

18 4의 배수는 끝의 두 자리 수가 00 또는 4의 배수이므로 □2는 4의 배수입니다. 따라서 □ 안에 들어갈 수 있는 숫자는 1, 3, 5, 7, 9입니다.

19 나열한 수는 7의 배수이므로 열아홉 번째 수는 $7 \times 19 = 133$입니다.

20 $(12, 4) \Rightarrow 12 = 4 \times 3$, $(36, 9) \Rightarrow 36 = 9 \times 4$,
$(54, 6) \Rightarrow 54 = 6 \times 9$
따라서 (12, 4), (36, 9), (54, 6)으로 모두 3개입니다.

21 ●$=$■$\times$▲에서 ■와 ▲는 ●의 약수이고, ●는 ■와 ▲의 배수입니다.

22 (큰 수)$\div$(작은 수)의 계산에서 나누어떨어지지 않는 것을 찾습니다.

23 54의 약수 중에서 6으로 나누어떨어지는 수를 찾습니다. 54의 약수 : 1, 2, 3, 6, 9, 18, 27, 54
이 중에서 6으로 나누어떨어지는 수는 6, 18, 54입니다.

24 □ 안에 들어갈 수 있는 수는 4와 6의 공배수입니다. 두 수의 최소공배수가 12이므로 □ 안에 들어갈 수 있는 수는 12의 배수입니다.

25 (3) $3\,)\overline{24\quad 81}$
　　　　$8\quad 27$ ⇨ 최대공약수 : 3
(4) $13\,)\overline{65\quad 78}$
　　　　$5\quad\;\; 6$ ⇨ 최대공약수 : 13

26 ㉠ 16 ㉡ 9 ㉢ 18 ㉣ 6

27 두 수의 공약수는 두 수의 최대공약수의 약수와 같습니다. 따라서 두 수의 공약수는 14의 약수인 1, 2, 7, 14입니다.

28 ① 20 ② 25 ③ 30 ④ 24 ⑤ 36

29 18과 30의 공약수들의 합을 구합니다.
18과 30의 최대공약수가 6이므로 공약수는 1, 2, 3, 6입니다. ⇨ 1+2+3+6=12

30 색칠한 부분에 들어갈 수는 28과 64의 공약수입니다. 두 수의 공약수는 최대공약수 4의 약수이므로 1, 2, 4입니다.

31 공약수는 최대공약수의 약수입니다. 따라서 48과 어떤 수의 공약수는 최대공약수 16의 약수인 1, 2, 4, 8, 16입니다.

32 42−3=39, 54−2=52이므로 39와 52의 최대공약수를 구합니다.
13)39 52
‾‾3‾‾4‾ ⇨ 최대공약수 : 13

33 연필 2타는 24자루입니다.
2)24 42   24와 42의 최대공약수는 2×3=6이
3)12 21   므로 6명까지 나누어 줄 수 있습니다.
‾‾4‾‾7‾

34 연필 : 24÷6=4(자루), 공책 : 42÷6=7(권)

35 7)56 35   56과 35의 최대공약수가 7이므로 종
‾‾8‾‾5‾   이를 잘라 만들 수 있는 가장 큰 정사
각형의 한 변은 7 cm입니다.
따라서 정사각형 모양의 종이는 모두
(56÷7)×(35÷7)=40(장)이 됩니다.

37 공통으로 곱해진 수는 한 번만 곱하고, 나머지 부분은 모두 곱하여 구합니다.
2×2×5
2×3×5 ⇨ 최소공배수 : 2×5×2×3=60

38 (1) 8의 배수 : 8, 16, 24, 32, 40, 48
12의 배수 : 12, 24, 36, 48
⇨ 8과 12의 공배수 : 24, 48
(2) 8과 12의 공배수 중 가장 작은 수는 24입니다.

39 더 이상 나누어지지 않을 때까지 나눈 후, 나눈 공약수들과 맨 끝의 몫을 차례로 곱하여 구합니다. 따라서 최소공배수는 2×2×4×7=112입니다.

40 2)18 42
3) 9 21
‾‾3‾‾7‾ ⇨ 최소공배수 : 2×3×3×7=126
500÷126=3…122이므로 126×3=378,
126×4=504입니다.
따라서 500에 가장 가까운 수는 504입니다.

41 6과 15의 공배수는 30, 60, 90, 120, …입니다.

42 최대공약수는 공통으로 곱해진 수의 곱입니다. 따라서 3×5=15입니다.
최소공배수는 공통으로 곱해진 수를 한 번만 곱하고, 나머지 부분을 모두 곱하여 구합니다.
따라서 3×5×7×2×2=420입니다.

43 2)60 126
3)30 63
‾10‾‾21‾
⇨ 최대공약수 : 2×3=6
최소공배수 : 2×3×10×21=1260

44 가=②×③×3×5, 나=②×③×□
두 수의 최소공배수 630=2×3×3×5×7이므로
□=7 또는 □=3×7 또는 □=5×7이 될 수 있습니다. 따라서 □가 될 수 있는 수 중 가장 작은 수는 7입니다.

45 두 수의 공배수는 32의 배수이므로 32, 64, 96, 128, 160, 192, 224, ……입니다. 따라서 200에 가장 가까운 수는 192입니다.
🔑별해 200÷32=6…8에서 32×6=192, 32×7=224이므로 200에 가장 가까운 수는 192입니다.

46 구하려는 수를 □라 하면 □−3은 6과 14로 나누어떨어집니다. 6과 14로 나누어떨어지는 수 중 가장 작은 수는 6과 14의 최소공배수이므로 42입니다.
따라서 □−3=42, □=45이므로 조건에 맞는 가장 작은 수는 45입니다.

47 두 점이 같이 찍히는 간격은 12와 20의 공배수입니다. 따라서 두 점이 시작점 다음으로 같이 찍히는 곳은 시작점으로부터 60 mm 떨어진 곳입니다.

48 2)4 10   4와 10의 최소공배수는 20이므로 두
‾2‾‾5‾   시계는 20시간마다 동시에 울립니다.
따라서 오늘 오전 10시 이후 바로 다음 번에 두 시계가 동시에 울리는 시각은 내일 오전 6시입니다.

step 4 응용실력기르기   46~49쪽

1 432
2 가장 큰 수 : 54, 가장 작은 수 : 6
3 1, 5, 7, 35   **4** 6
5 97   **6** (1) 3가지 (2) 4가지
7 48   **8** 11
9 28   **10** ㉠ : 3, ㉡ : 7

11 120   **12** 오후 2시 30분
13 3 cm   **14** 5월 7일
15 5바퀴   **16** 53

1 <7>＝1＋7＝8, <8>＝1＋2＋4＋8＝15,
<<7>＋<8>>＝<23>＝1＋23＝24,
<10>＝1＋2＋5＋10＝18
⇨ < <7>＋<8>> × <10>
＝24×18＝432

2 (704－2)와 (1085－5)를 어떤 수로 나누면 나누어떨어지므로 어떤 수는 702와 1080의 공약수 중에서 5보다 큰 수입니다. 702와 1080의 최대공약수인 54의 약수 중에서 5보다 큰 수는 6, 9, 18, 27, 54입니다.
😊참 나누는 수는 나머지보다 항상 크므로 54의 약수 중 5와 같거나 작은 수는 포함되지 않습니다.

3 35의 약수를 구하면 35는 이 수들의 배수가 됩니다. 따라서 □ 안에 알맞은 수는 1, 5, 7, 35입니다.

4 72☆48＝24, 30＊45＝90, 24☆90＝6입니다.

5 15와 18의 최소공배수보다 7 큰 수를 구합니다.
3)15　18
　　5　6 ⇨ 최소공배수 : 3×5×6＝90
따라서 어떤 수는 90보다 7 큰 수인 97입니다.

6 (1) 1×20＝20, 2×10＝20, 4×5＝20
(2) 1×42＝42, 2×21＝42, 3×14＝42, 6×7＝42

7 가＝12×●, 가＝16×▲이므로 가는 12와 16의 공배수입니다.
가장 작은 자연수 가는 48이고 이때 48과 60의 최대공약수는 12, 48과 80의 최대공약수는 16을 만족하므로 구하려는 자연수 가는 48입니다.

8 47을 어떤 수로 나누면 나머지가 3이므로 어떤 수는 47－3＝44의 약수입니다. 44의 약수는 1, 2, 4, 11, 22, 44이므로 어떤 수는 나머지인 3보다 큰 4, 11, 22, 44입니다.
따라서 어떤 수가 될 수 있는 수 중에서 약수가 2개인 수는 11입니다.

9 두 수를 7×●, 7×▲라 하면 두 수의 곱은 49×●×▲이고 두 수의 최소공배수는 7×●×▲입니다.
49×●×▲＝196에서 ●×▲＝4이므로 두 수의 최소공배수는 7×●×▲＝7×4＝28입니다.
🔑별해 두 수의 곱은 최대공약수와 최소공배수의 곱

과 같으므로 196＝7×□, □＝28입니다.

10 최대공약수 30＝2×3×5이므로 2, 3, 5는 두 수에 공통으로 있어야 합니다. 따라서 ㉠은 3입니다.
최소공배수 420＝2×3×5×2×7이므로 ㉡은 7입니다.

11 24)72 ■　　24×3×●＝360이므로 ●＝5이
　　3　●　　고, ■＝24×●＝24×5＝120입니다.
🔑별해
72×(어떤 수)＝(최대공약수)×(최소공배수)
72×(어떤 수)＝24×360
(어떤 수)＝8640÷72＝120

12 15와 35의 최소공배수가 105이므로 두 버스는 105분＝1시간 45분 간격으로 동시에 출발합니다. 따라서 버스가 동시에 출발한 시각은 11시, 12시 45분, 14시 30분, …입니다.

13
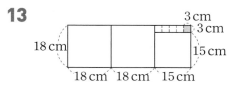

마지막에 잘라 내는 정사각형의 한 변의 길이는 두 수의 최대공약수와 같습니다. 51과 18의 최대공약수는 3이므로 마지막에 잘라 내는 정사각형의 한 변은 3 cm입니다.

14 3과 4의 최소공배수가 12이므로 두 사람은 12일 마다 같은 날 학원을 갑니다. 따라서 4월 1일 이후 4월 13일, 4월 25일, 5월 7일에 같은 날 학원을 가게 되므로 5월에 두 사람이 학원에서 처음 만나는 날은 5월 7일입니다.

15 30과 24의 최소공배수는 120이므로 두 톱니바퀴가 처음 맞물렸던 자리에서 다시 만나려면 톱니바퀴 ㉯는 적어도 120÷24＝5(바퀴)를 돌아야 합니다.

16 어떤 수에 3을 더한 수는 8과 7로 나누어떨어지므로 어떤 수 중 가장 작은 수는 8과 7의 최소공배수56에서 3을 뺀 수 53입니다.

step **5** 응용실력 높이기   50~53쪽

1 7521   **2** 90장
3 14   **4** 73

5 24, 48   **6** 62

7 5, 10, 25, 50   **8** 36

9 (1) ㉠ 경인 ㉡ 신축 ㉢ 정미 (2) 병오년

10 14   **11** 192 m

12 35마리   **13** 26개

14 40초 후

15 배 : 4개, 귤 : 6개, 사과 : 3개

16 90일

1 3의 배수가 되려면 각 자리 숫자의 합이 3의 배수가 되어야 합니다.
따라서 네 장의 숫자의 합이 3의 배수가 되는 것을 찾으면 1, 2, 5, 7입니다. 1, 2, 5, 7로 가장 큰 네 자리 수를 만들면 7521입니다.

2 한솔이가 뽑은 카드 :
(4의 배수)=50−12=38(장)
석기가 뽑은 카드 :
(5의 배수)−(20의 배수)
=(40−10)−(10−2)=22(장)
이므로 남은 카드는 150−38−22=90(장)입니다.

3 어떤 수 중에서 가장 큰 수는 30−2=28,
58−2=56, 44−2=42의 최대공약수인 14입니다.

4 4와 6으로 나누었을 때 나머지가 각각 1인 수는 4와 6의 공배수보다 1 큰 수이므로
12, 24, 36, ……보다 1 큰 수 13, 25, 37, 49, 61, 73, 85, 97……입니다.
이 중 7로 나누어 3 남는 수는 73입니다.

5 어떤 수는 8의 배수이고, 3의 배수이면서 50보다 작은 두 자리 수입니다.
즉, 50보다 작은 두 자리 수 중에서 3과 8의 공배수를 찾으면 24, 48입니다.
따라서 조건을 모두 만족하는 수는 24, 48입니다.

6 어떤 수는 3으로 나누면 2가 남으므로 3의 배수보다 2 큰 수 또는 1 작은 수입니다. 또, 7로 나누면 6이 남으므로 7의 배수보다 6 큰 수 또는 1 작은 수입니다. 따라서 어떤 수는 3과 7의 공배수보다 1 작은 수입니다.
어떤 수를 □라고 하면 □+1은 3과 7의 공배수인 21, 42, 63, 84, ……이므로 □=20, 41, 62, 83, ……입니다. 따라서 70에 가장 가까운 수는 62입니다.

7 253−3=250의 약수를 찾습니다. 250=1×250, 250=2×125, 250=5×50, 250=10×25이므로 250은 1, 2, 5, 10, 25, 50, 125, 250으로 나눌 수 있습니다.
그런데 나누는 수는 나머지 3보다 커야 하므로 5, 10, 25, 50, 125, 250이 될 수 있습니다.
이 중 100보다 작은 수는 5, 10, 25, 50입니다.

8 1×□=□, 2×18=36, 3×12=36, 4×9=36, 6×6=36이므로
1, 2, 3, 4, 6, 9, 12, 18, □는 36의 약수입니다.
따라서 □=36입니다.

9 십간은 10년마다 반복되고 십이지는 12년마다 반복됩니다.

10 ㉮와 ㉰의 공약수 : 1, 2, 5, 7, 10, 14, 35, 70
㉯와 ㉱의 공약수 : 1, 2, 3, 4, 6, 7, 12, 14, 21, 28, 42, 84
따라서 ㉮, ㉯, ㉰, ㉱의 공약수는 1, 2, 7, 14이므로 최대공약수는 14입니다.

🔑 **별해** 최대공약수들의 최대공약수를 구합니다.
2)70 82
7)35 41
   5   6 ⇨ 최대공약수 : 2×7=14

11 4와 6의 최소공배수인 12 m마다 나무 수가 한 그루씩 차이납니다. 따라서 필요한 나무 수의 차가 16그루일 때 호수의 둘레는 12×16=192(m)입니다.

12 펭귄 수는 3, 4, 6의 공배수보다 1 작은 수이고, 3, 4, 6의 최소공배수는 12이므로 펭귄 수는
(12−1), (24−1), (36−1), (48−1), …… 입니다. 이때, 펭귄 수는 5의 배수이어야 하므로 동물원에 있는 펭귄은 적어도 35마리입니다.

13 말뚝을 되도록 적게 사용하므로 56과 35의 최대공약수를 이용합니다.
직사각형의 둘레는 (56+35)×2=182(m)이므로 필요한 말뚝의 수는 182÷7=26(개)입니다.

14 전등이 다시 켜질 때까지 걸리는 시간은
전등 A가 8초, 전등 B가 10초입니다.
따라서 8, 10의 최소공배수가 40이므로 다음 번에 두 전등이 동시에 켜지는 것은 40초 후입니다.

15 2)88 132 66
  11)44 66 33
     4   6   3 ⇨ 최대공약수 : 2×11=22
따라서 한 사람이 받을 수 있는 배의 수는 4개, 귤의

수는 6개, 사과의 수는 3개입니다.

16 두 사람이 만나는 것은 6과 9의 최소공배수인 18일마다입니다.

$18÷7=2\cdots4$이고, 월요일인 오늘 이후 만나는 요일은 금 → 화 → 토 → 수 → 일이므로

적어도 $18×5=90$(일)이 지나야 합니다.

단원평가

54~56쪽

1 3개

2

⑥⑥	32	6	④⑧	⑤④	16

(66, 48, 54에 동그라미)

3 ㉢, ㉣, ㉫

4 30, 60, 90

5 최대공약수 : 10, 최소공배수 : 420

6 ㉠, ㉣, ㉢, ㉡

7 ②, ③

8 (1) 6 (2) 7 (3) 2

9 ④, ⑤

10 6개

11 25

12 495

13 3, 5, 15

14 70장

15 24개

16 18명

17 48 m

18 두 수의 최대공약수가 6이므로 어떤 수를 $6×\square$로 나타낼 수 있습니다. $54=6×9$이므로 $6×\square$와 $6×9$의 최소공배수는 $6×\square×9$입니다.

$6×9×\square=216$에서 $\square=4$입니다.

따라서 어떤 수는 $6×4=24$입니다.

19 210과 180의 최대공약수는 30이므로 사과와 배를 최대 30명의 학생들에게 나누어 줄 수 있습니다. 따라서 사과는 $210÷30=7$(개)씩, 배는 $180÷30=6$(개)씩 나누어 주면 됩니다.

20 10과 8의 최소공배수는 40이므로 두 버스는 40분마다 동시에 출발합니다. 따라서 다음 번에 동시에 출발하는 시각은 오전 10시 30분＋40분＝오전 11시 10분입니다.

1 6의 약수 : 1, 2, 3, 6
8의 약수 : 1, 2, 4, 8
10의 약수 : 1, 2, 5, 10
따라서 6, 8, 10으로 모두 3개입니다.

2 $66÷6=11$, $48÷6=8$, $54÷6=9$

3 ㉢ $24×4=96$ ㉣ $32×4=128$ ㉫ $63×3=189$
따라서 ㉢, ㉣, ㉫입니다.

4 6과 10의 최소공배수는 30이므로 두 자리 수인 공배수는 30, 60, 90입니다.

5 최대공약수 : $2×5=10$
최소공배수 : $2×5×3×2×7=420$

6 ㉠ 36 ㉡ 198 ㉢ 108 ㉣ 96

7 ② (어떤 수)$×1=$(어떤 수)이므로 1은 1의 배수일 뿐 모든 수의 배수가 될 수 없습니다.
③ 어떤 두 수의 공배수가 무수히 많습니다.

8 각 자리 숫자들의 합이 9의 배수가 되어야 합니다.
(1) $3+9+\square=12+\square=18$, $\square=6$
(2) $4+\square+7=11+\square=18$, $\square=7$
(3) $1+2+4+\square=7+\square=9$, $\square=2$

9 2, 4, 5는 20의 약수이므로 2, 4, 5와 20의 최소공배수는 20입니다.

④
```
2)6  20
  3  10
```

⑤
```
2)12  20
 2) 6  10
     3   5
```

최소공배수 : 60   최소공배수 : 60

10 두 수의 공약수는 최대공약수 18의 약수와 같으므로 1, 2, 3, 6, 9, 18로 모두 6개입니다.

11 5의 약수 : 1, 5 ⇨ $1+5=6$
10의 약수 : 1, 2, 5, 10 ⇨ $1+2+5+10=18$
15의 약수 : 1, 3, 5, 15 ⇨ $1+3+5+15=24$
20의 약수 : 1, 2, 4, 5, 10, 20
⇨ $1+2+4+5+10+20=42$
25의 약수 : 1, 5, 25 ⇨ $1+5+25=31$

12 9와 15로 나누어떨어지는 수는 45의 배수입니다. 9와 15의 최소공배수는 45이므로
$500÷45=11\cdots5$에서 $45×11=495$,
$45×12=540$입니다.
따라서 500에 가장 가까운 수는 495입니다.

13 어떤 수는 $(137-2)$, $(152-2)$의 공약수입니다.
$137-2=135$, $152-2=150$의 최대공약수는 15입니다. 따라서 어떤 수는 15의 약수 중 2보다 큰 수이므로 3, 5, 15입니다.

14 90과 63의 최소공배수가 630이므로 만들 정사각형의 한 변은 630 cm가 되어야 합니다.
가로 : $630÷90=7$(장)

세로 : $630 \div 63 = 10$(장)

따라서 종이판은 모두 $7 \times 10 = 70$(장) 필요합니다.

15 5의 배수는 일의 자리 숫자가 0 또는 5입니다.

일의 자리 숫자가 0인 경우

: 120, 130, 140, 150

210, 230, 240, 250

310, 320, 340, 350 → 12개

일의 자리 숫자가 5인 경우

: 105, 125, 135, 145, 205, 215, 235, 245,

305, 315, 325, 345 → 12개

따라서 $12 + 12 = 24$(개)입니다.

16 54와 72의 최대공약수를 구합니다.

```
2) 54  72
3) 27  36
3)  9  12
    3   4  ⇨ 최대공약수 : 2×3×3=18
```

17 12와 16의 최소공배수는 48이므로 48 m 간격으로 꽃을 심어야 합니다.

3. 규칙과 대응

1 (1) 6개 (2) 6, 9, 12 (3) 3, 3

2 (1) 2 (2) 2

3 (1) 24, 30, 예 ●＝★×6 (2) 6, 7, 예 ●＝★＋2

4 (1) 15, 20, 25

(2) 예 ▲＝■×5 (3) 35장 (4) 9송이

4 (3) ▲＝■×5에서 ■＝7이므로 ▲＝7×5＝35입니다.

(4) ▲＝■×5에서 ▲＝45이므로 45＝■×5, ■＝9입니다.

유형**1** 4, 8, 12, 16

1-1 (1) 8, 9, 12, 13 (2) 1, 1

1-2 (1) 예 간 거리는 걸린 시간의 80배입니다.

(2) 800 m

1-3 (1) 12

(2) 12, 13, 14 / 예 ▲는 ■보다 3 큽니다.

1-4 (1) 3, 4, 2, 4, 6, 8 (2) 20개

(3) 예 원의 수는 사각형 수의 2배입니다.

1-5 (1) 4, 8, 12, 16

(2) 예 바퀴의 수는 승용차의 수의 4배입니다.

유형**2** (1) 11, 12, 13, 14

(2) 예 형의 나이는 영수의 나이보다 2살 더 많습니다.

(3) 예 ♥＝●＋2

2-1 (1) 오후 1시, 오후 2시, 오전 4시

(2) 예 (로마의 시각)＝(서울의 시각)－8

2-2 예 ♠＝◎－4

2-3 (1) 12, 24, 36

(2) 예 ★＝▲×12, ▲＝★÷12

(3) 120 cm

2-4 예 ■＝5×●, ●＝■÷5

2-5 예 ▲=400×★, ★=▲÷400

2-6

2-7 예 ■=★+7, ★=■−7, 22살

2-8 예 ♥=245−▲, ▲=245−♥, ♥+▲=245

2-9 예 ▲=5×●, ●=▲÷5

2-10 석기　　　　　　**2-11** 예 ▲=■×2

2-12 예 ●=■×4

2-13 (1) 20, 25, 30, 예 □=◆×5

　　　(2) 10, 8, 6, 예 ◆+□=20

유형3 (1) 9, 12, 15 (2) 예 ▲=■×3 (3) 24개

　　　(4) 7개

3-1 (1) 75, 100, 125 (2) 예 ●=★×25 (3) 300개

　　　(4) 13개

3-2 (1) 3, 4, 4, 8, 20

　　　(2) 예 ■=♥×4, ♥=■÷4

　　　(3) 40개 (4) 15개

3-3 (1) 예 ▲=12×★, ★=▲÷12

　　　(2) 60장 (3) 10개

유형1 강아지가 한 마리씩 늘어날 때마다 강아지 다리의
　　　수는 4개씩 늘어납니다.

1-2 (2) 10×80=800(m)

2-1 (2) 로마가 서울보다 8시간이 느립니다.

2-3 (3) 10×12=120(cm)

2-7 누나와 석기의 나이 차이는 7살입니다.

2-10 ♥는 ★보다 11 큰 수입니다. ⇨ ♥=★+11
　　　★은 ♥보다 11 작은 수입니다. ⇨ ★=♥−11

2-11 ▲는 ■의 2배입니다.

2-12 ●는 ■의 4배입니다.

유형3 (3) ▲=■×3에서 ■=8이므로
　　　　▲=8×3=24(개)입니다.
　　　(4) ▲=■×3에서 ▲=21이므로 21=■×3,
　　　　■=7(개)입니다.

3-1 (3) ●=★×25에서 ★=12이므로
　　　　●=12×25=300(개)입니다.
　　　(4) ●=★×25에서 ●=325이므로
　　　　325=★×25, ★=325÷25=13(개)입니다.

3-2 (3) 10×4=40(개) (4) 60÷4=15(개)

---

step 3 기본 유형 다지기　64~69쪽

1 10, 11, 12 (1) 형의 나이는 동생의 나이보다 4살 더
많습니다. 또는 동생의 나이는 형의 나이보다 4살 더
적습니다. (2) 19살

2 (1) 3 (2) 12 (3) 예 ●는 ★의 3배입니다.

3

■	0	1	2	3	4	5	6	7
▲	7	8	9	10	11	12	13	14

4

●	4	5	6	7	8	9	10	11
★	36	45	54	63	72	81	90	99

5 예 ⊙+♤=35　　　**6**

7 예 ●=■−5, ■=●+5

8 예 ●=■×4, ■=●÷4

9 8, 32, 56, 예 ▲=■×8

10 24, 28 (1) 예 ●=◆×4, ◆=●÷4 (2) 36

11 (1) 6, 5, 6, 8, 9

　　(2) 예 누름 못의 수는 색종이의 수보다 1 큽니다.

12 (1) 18개 (2) 18, 24, 30, 36, 예 구슬의 수는 주머니
의 수의 6배입니다. (3) 예 ◆=♥×6

13 (1) 11, 14, 20 (2) 예 ▲=■×3−1 (3) 29 (4) 13

14 (1) 예 ▲=■×2+1 (2) 23개 (3) 15개

15 예 석기의 나이(▲)는 한초의 나이(●)보다 4살
적습니다.

●	5	6	7	8	9	10	11
▲	1	2	3	4	5	6	7

16 6, 7, ●=6×▲+1 또는 ▲=(●−1)÷6

17 19, 62, ●=(▲−2)÷4 또는 ▲=4×●+2

18 385 m

19 385, 330, 275, 220, 165

20 55 m　　　　　　**21** 14분 후

22 5, 9, 13, 17, 81개

23 1350, 1800, 2250, 2700

24 예 ▲=450×●, ●=▲÷450

25 150 g　　　　　　**26** 16, 25, 36, 49

27 예 ♣는 ★을 두 번 곱한 값입니다.

28 예 ♣=★×★

29 144개

30 ♣=★×★에서 ♣=196이므로 ★×★=196

입니다. 이때 $14 \times 14 = 196$이므로 $★=14$ 즉, 한 변에 놓인 정사각형의 수는 14개입니다. 따라서 만든 정사각형의 전체 둘레는 $14 \times 4 = 56 (\text{cm})$ 입니다.

31 15, 27, 39, 51, 63, 75, ㉠ $\bigcirc=\square \times 12+3$, $\square=(\bigcirc-3) \div 12$

32 40명

33 ㉠ $▲=10000-700 \times ■$

34 14개

35 $★=● \times 5$, $●=★ \div 5$

36 9분   **37** 18대

38 31번   **39** 9시간

40 61

1 (2) 15살보다 4살 많은 19살입니다.

4 ●에 9를 곱하거나 ★을 9로 나눕니다.

5 ⊙가 1씩 커질 때마다 ♤는 1씩 작아집니다. 따라서 ⊙와 ♤의 합은 항상 35입니다.

7 ●는 ■보다 5 작은 수입니다. $●=■-5$ ■는 ●보다 5 큰 수입니다. $■=●+5$

8 ●는 ■의 4배입니다. $●=■ \times 4$ ■는 ●를 4로 나눈 몫입니다. $■=● \div 4$

9 ■가 1씩 커질 때마다 ▲는 8씩 커집니다. 따라서 ▲는 ■의 8배입니다.

10 (2) $9 \times 4 = 36$

13 (2) $2=1 \times 3-1$, $5=2 \times 3-1$, $8=3 \times 3-1$, ……이므로 $▲=■ \times 3-1$입니다.
(3) $▲=■ \times 3-1$에서 $■=10$이므로 $▲=10 \times 3-1=29$입니다.
(4) $▲=■ \times 3-1$에서 $▲=38$이므로 $38=■ \times 3-1$, $■=(38+1) \div 3=13$입니다.

14 (1)

■	1	2	3	4	5	……
▲	3	5	7	9	11	……

⇨ $▲=■ \times 2+1$
(2) $▲=■ \times 2+1$에서 $■=11$이므로 $▲=11 \times 2+1=23$(개)입니다.
(3) $▲=■ \times 2+1$에서 $▲=31$이므로 $31=■ \times 2+1$, $■=15$(개)입니다.

16 ●는 ▲의 6배보다 1 큰 수입니다. $●=6 \times ▲+1$

▲는 ●보다 1 작은 수를 6으로 나눈 몫입니다.
$▲=(●-1) \div 6$
$(37-1) \div 6=▲$, $▲=6$
$(43-1) \div 6=▲$, $▲=7$

17 ●는 ▲보다 2 작은 수를 4로 나눈 몫입니다.
$●=(▲-2) \div 4$
▲는 ●의 4배보다 2 큰 수입니다. $▲=4 \times ●+2$
$▲=15 \times 4+2=62$
$●=(78-2) \div 4=19$

18 $55 \times 7 = 385 (\text{m})$

19 7분 후 : 385 m, 8분 후 : $440-110=330 (\text{m})$, 9분 후 : $495-220=275 (\text{m})$, 10분 후 : $550-330=220 (\text{m})$, 11분 후 : $605-440=165 (\text{m})$

20 $385-330=55 (\text{m})$, $330-275=55 (\text{m})$, ……

21 1분에 거리가 55 m씩 좁혀지므로 동생은 출발한 지 $385 \div 55=7 (\text{분})$ 후에 영수와 만납니다.
따라서 영수가 집을 나선 지 $7+7=14 (\text{분})$ 후입니다.

22 면봉의 수는 오각형의 수의 4배보다 1 큰 수입니다.
따라서 오각형을 20개 만들려면 면봉은 $20 \times 4+1=81 (\text{개})$ 필요합니다.

25 (철의 무게)=(그릇의 수)$\times 450$이므로 그릇을 13개 만들려면 철이 $13 \times 450=5850 (\text{g})$ 필요합니다.
따라서 철이 $6000-5850=150 (\text{g})$ 남습니다.

27 한 변에 놓인 정사각형의 개수를 2번 곱하면 한 변이 1 cm인 정사각형의 전체 개수와 같아집니다.

29 ♣$=★ \times ★$에서 $★=12$이므로 ♣$=12 \times 12=144 (\text{개})$입니다.

31 지혜가 1타를 가지고 있었을 경우 연필은 모두 $12+3=15 (\text{자루})$, 지혜가 2타를 가지고 있었을 경우 연필은 모두 $24+3=27 (\text{자루})$, ……입니다.

32 식탁이 1개인 경우   식탁이 2개인 경우

식탁이 1개일 때 8명, 식탁이 2개일 때 12명, 식탁이 3개일 때 16명, ……이 앉을 수 있습니다. 식탁이 1개씩 늘어날 때마다 4명씩 더 앉을 수 있으므로 식탁이 9개이면 $8+4 \times (9-1)=40 (\text{명})$이 앉을 수

있습니다.

33 음료수를 1개 샀을 때 거스름돈은
$10000-700 \times 1=9300$(원),
음료수를 2개 샀을 때 거스름돈은
$10000-700 \times 2=8600$(원), ……입니다.
음료수를 ■개 샀을 때 거스름돈이 $10000-700 \times$
■이므로 ▲$=10000-700 \times$■입니다.

34 $700 \times 14=9800$(원)이므로 14개까지 살 수 있습니다.

35

●	1	2	3	4	5	……
★	5	10	15	20	25	……

36

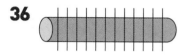

(자른 횟수)=(도막의 수)-1이므로 통나무를 13
도막으로 자르려면 $13-1=12$(번) 자르면 됩니다.
따라서 $45 \times 12=540$(초) 즉 $540 \div 60=9$(분)
이 걸립니다.

37 세발자전거 수를 ■라 하고 전체 바퀴 수를 ●라 하면

■	0	1	2	3	4	……
●	60	61	62	63	64	……

●$=60+$■입니다. 따라서 전체 바퀴 수가 78개일
때 세발자전거 수는 $78=60+$■에서
■$=78-60=18$(대)입니다.

38 토너먼트 방식에서 경기 수는 (참가자 수)-1이므
로 32명이 참가하면 경기 수는 $32-1=31$(번)입니다.

39 공장에서 한 시간 동안 만들 수 있는 인형의 수는
$18+25=43$(개)입니다.
따라서 인형 387개를 만들려면 $387 \div 43=9$(시간)이 걸립니다.

40 예슬이는 동민이가 말한 수에 3을 곱한 뒤 1을 더하는 수를 대답하므로 $20 \times 3+1=61$입니다.

step 4 응용실력기르기 `70~73쪽`

1 103개
2 예) ▲$=$■$\times 7-2$
3 40
4 33600원

5 (1) 예) ▲$=$●$+3$ (2) 예) ■$=$▲$\times 6$
(3) 예) ■$=($●$+3) \times 6$
6 17개
7 80 cm
8 800 cm
9 ★$=$♥$\times 90$ 또는 ♥$=$★$\div 90$
10 88 m
11 ㉡$=$㉠$\times 4$ 또는 ㉠$=$㉡$\div 4$
12 124
13 1시간 6분
14 138개
15 예) ★$=$■$\times$■$-$■
16 36명

1 사각형 조각의 수는 배열 순서보다 3 큰 수이므로
100번째의 조각의 수는 $100+3=103$(개)입니다.

2 $1 \times 7-2=5$, $2 \times 7-2=12$, $3 \times 7-2=19$,
……이므로 ■와 ▲ 사이의 대응 관계를 식으로 나
타내면 ▲$=$■$\times 7-2$입니다.

3 $6 \div 2+1=4$, $8 \div 2+1=5$, $10 \div 2+1=6$, ……
이므로 ●와 ★ 사이의 대응 관계를 식으로 나타내면
★$=$●$\div 2+1$입니다.
●가 30일 때 ★의 값은 $30 \div 2+1=16$이고 ★이
13일 때 ●의 값은 $13=$●$\div 2+1$,
●$=(13-1) \times 2=24$입니다. ⇨ $16+24=40$

4

음료수의 묶음 수(묶음)	1	2	3	4	5	……
음료수의 값(원)	2400	4800	7200	9600	12000	

(음료수의 값)=(음료수의 묶음 수)$\times 2400$
40병을 사려면 $40 \div 3=13 \cdots 1$에서 14묶음을 사야
하므로 $2400 \times 14=33600$(원)이 필요합니다.

5 (3) ▲는 ●에 3을 더한 수이고, ■는 ▲에 6을 곱한
수이므로 ■는 ●에 3을 더한 수에 6을 곱한 수입
니다. ⇨ ■$=($●$+3) \times 6$

6

정삼각형의 수(개)	1	2	3	4	5	……
면봉의 수(개)	3	5	7	9	11	……

⇨ (면봉의 수)=(정삼각형의 수)$\times 2+1$
$35=$(정삼각형의 수)$\times 2+1$,
(정삼각형의 수)=$(35-1) \div 2=17$(개)

7

순서	첫 번째	두 번째	세 번째	네 번째
둘레(cm)	$1 \times 4 \times 4$ $=16$	$2 \times 4 \times 4$ $=32$	$3 \times 4 \times 4$ $=48$	$4 \times 4 \times 4$ $=64$

따라서 다섯 번째 도형의 둘레는
$5 \times 4 \times 4=80$(cm)입니다.

8 $50 \times 4 \times 4 = 800 \text{(cm)}$

9 주머니가 1개일 때 검은색 구슬은
$100 - 10 = 90$(개), 주머니가 2개일 때 검은색 구슬은 $200 - 20 = 180$(개),
주머니가 3개일 때 검은색 구슬은
$300 - 30 = 270$(개), …… 입니다.

주머니의 수(개)	1	2	3	4	5	……
검은색 구슬의 수(개)	90	180	270	360	450	……

10 9번째 나무와 20번째 나무 사이에 있는 나무의 수는 10그루이므로 연못의 둘레에 있는 나무는 모두
$10 + 10 + 2 = 22$(그루)입니다.
나무는 4 m 간격으로 심어져 있으므로 연못의 둘레의 길이는 $22 \times 4 = 88 \text{(m)}$입니다.

🔑 **별해** 9번째 나무와 20번째 나무 사이의 간격의 수는 11개이므로 연못의 둘레는
$4 \times 11 \times 2 = 88 \text{(m)}$입니다.

11 ㉠=1일 때 ㉡$=5 - 1 = 4$,
㉠=2일 때 ㉡$=10 - 2 = 8$, ……

㉠	1	2	3	4	5	……
㉡	4	8	12	16	20	……

12 표로 나타내어 두 수의 규칙을 알아봅니다.

석기가 말한 수(●)	11	14	17	……
지혜가 답한 수(■)	43	52	61	……

●가 3씩 커질 때마다 ■는 9씩 커지므로 ●가 1씩 커질 때마다 ■는 3씩 커집니다.
$43 - 11 \times 3 = 10$, $52 - 14 \times 3 = 10$,
$61 - 17 \times 3 = 10$이므로 ●와 ■ 사이의 대응 관계를 식으로 나타내면 $■ = 3 \times ● + 10$입니다.
따라서 석기가 38이라고 말하면
$■ = 3 \times 38 + 10 = 124$에서 지혜는 124라고 대답해야 합니다.

13 시간과 물의 높이 사이의 대응 관계를 식으로 나타내면 (높이)=(시간)$\times 3$입니다.
따라서 $198 = 66 \times 3$이므로 빈 물탱크를 가득 채우는 데 걸리는 시간은 66분 즉, 1시간 6분입니다.

14

정사각형의 수(개)	1	2	3	4	……
클립의 수(개)	12	21	30	39	……

(클립의 수)=(정사각형의 수)$\times 9 + 3$이므로 정사각형을 15개 만들려면 클립은
$15 \times 9 + 3 = 138$(개)가 필요합니다.

15 첫 번째 : $1 \times 1 - 1 = 0$(개),
두 번째 : $2 \times 2 - 2 = 2$(개)
세 번째 : $3 \times 3 - 3 = 6$(개)
네 번째 : $4 \times 4 - 4 = 12$(개)
➡ $★ = ■ \times ■ - ■$

16 식탁의 수와 앉을 수 있는 사람의 수 사이의 대응 관계를 표로 나타내면 다음과 같습니다.

식탁의 수(개)	1	2	3	4	……
앉을 수 있는 사람의 수(명)	9	12	15	18	……

$9 = 1 \times 3 + 6$, $12 = 2 \times 3 + 6$, $15 = 3 \times 3 + 6$,
$18 = 4 \times 3 + 6$, …… 이므로 식으로 나타내면
(앉을 수 있는 사람의 수)=(식탁의 수)$\times 3 + 6$입니다.
따라서 식탁 10개에는 $10 \times 3 + 6 = 36$(명)이 앉을 수 있습니다.

---

step 5 응용실력 높이기 74~77쪽

1 $▲ = ■ \times 3 + 1$ 또는 $■ = (▲ - 1) \div 3$
2 45살
3 (예) $▲ = ■ \times 5$
4 74 cm
5 18번
6 흰색 바둑돌, 100개
7 12분
8 $■ = 5 \times ● + 50$ 또는 $● = (■ - 50) \div 5$
9 49개
10 (예) $● \times 5 + ■ = 400$, $■ = 400 - 5 \times ●$, $● = (400 - ■) \div 5$
11 8분 후
12 7월 1일 오후 5시
13 1시간 34분
14 4600원
15 10명
16 다섯 번째

1

순서(■)	1	2	3	4	……
바둑돌의 수(▲)	4	7	10	13	……

■가 1씩 커질 때마다 ▲는 3씩 커집니다.

2

형의 나이(살)	10	11	12	……
동생의 나이(살)	7	8	9	……

동생의 나이는 형의 나이보다 $10 - 7 = 3$(살) 더 적습니다.

동생의 나이(살)	5	6	7	……
어머니의 나이(살)	32	33	34	……

어머니의 나이는 동생의 나이보다 $32-5=27$(살)
더 많습니다.
따라서 형이 12살일 때 동생의 나이는 $12-3=9$
(살), 어머니의 나이는 $9+27=36$(살)이므로
동생과 어머니의 나이의 합은 $9+36=45$(살)입니다.

3 ⇨ 오각형 한 개에 그을 수 있는 대각선의 수
는 5개입니다.

■	1	2	3	4	……
▲	5	10	15	20	……

⇨ ▲＝■×5

4

정육각형의 수(개)	1	2	3	4	……
둘레(cm)	6	10	14	18	……

(둘레)＝(정육각형의 수)×4＋2이므로 정육각형
의 수가 18개이면 둘레는 $18×4+2=74$(cm)입니
다.

5

자른 횟수(번)	1	2	3	4	……
조각의 수(조각)	4	7	10	13	……

(조각의 수)＝(자른 횟수)×3＋1이므로 조각의
수가 55조각이면 자른 횟수는 $(55-1)÷3=18$
(번)입니다.

6 두 번째에 놓이는 모양에서 흰색 바둑돌이 검은색 바
둑돌보다 2개 많고, 네 번째에 놓이는 모양에서 흰색
바둑돌이 검은색 바둑돌보다 4개 많습니다. 따라서
100번째에 놓이는 모양에서는 흰색 바둑돌이 검은
색 바둑돌보다 100개 많습니다.

7 세 수도꼭지에서 1분 동안 나오는 물의 양은
$17+13+21=51$(L)입니다.
따라서 물 612 L를 받으려면 $612÷51=12$(분)
이 걸립니다.

8

●	0	1	2	3	……
■	50	55	60	65	……

■＝5×●＋50 또는 ●＝(■－50)÷5입니다.

9

오각형의 수(개)	1	2	3	4	……
면봉의 수(개)	5	9	13	17	……

⇨ (면봉의 수)＝(정오각형의 수)×4＋1
따라서 면봉 200개로는 $(200-1)÷4=49…3$에
서 최대 49개까지 만들 수 있습니다.

10 ●가 1씩 커지면 ■는 5씩 작아지므로 ●×5와 ■
의 합이 400으로 같아지도록 ●와 ■ 사이의 대응
관계를 식으로 만들면 ●×5＋■＝400 또는 ■
＝400－5×● 또는 ●＝(400－■)÷5입니다.

11

시간(분)	0	1	2	3	4	……
거리의 차(m)	744	651	558	465	372	……

1분이 지날수록 거리의 차는 93 m씩 작아집니다.
따라서 $744-93×8=0$이므로 8분 후입니다.

12 오후 5시는 17시이므로 뉴욕은 서울보다
$17-4=13$(시간) 더 느립니다.
가영이가 잠에서 깬 서울 시각 :
7월 1일 오후 10시＋8시간＝7월 2일 오전 6시
가영이가 잠에서 깬 뉴욕 시각 :
7월 2일 오전 6시－13시간＝7월 1일 오후 5시

13 나무 막대를 자른 횟수, 쉬는 횟수, 도막 수 사이의
대응 관계를 표로 나타내면 다음과 같습니다.

자른 횟수(번)	1	2	3	4	……
쉬는 횟수(번)	0	1	2	3	……
도막 수(도막)	2	3	4	5	……

나무 막대를 □도막으로 자를 때 자른 횟수는 (□
－1)번이고 쉬는 횟수는 (□－2)번이므로 나무 막
대를 20도막으로 자르려면 19번 잘라야 하고, 18번
을 쉬게 됩니다.
따라서 자르는 시간은 $4×19=76$(분), 쉬는 시간
은 $1×18=18$(분)이 걸리므로 모두
76분＋18분＝94분＝1시간 34분이 걸립니다.

14

도화지의 수(장)	1	2	3	4	5	……
누름 못의 수(개)	6	9	12	15	18	……

(누름 못의 수)＝(도화지의 수)×3＋3이므로 도
화지 27장을 이어 붙이려면 누름 못은
$27×3+3=84$(개)가 필요합니다. 따라서 도화지
는 10장씩 3묶음을 사야 하고, 누름 못은 20개씩 5
통을 사야 하므로 필요한 돈은 모두
$700×3+500×5=2100+2500=4600$(원)입니
다.

15 한별이네 모둠 학생이 2명인 경우 : ──
⇨ 1번 → $2×(2-1)÷2=1$
한별이네 모둠 학생이 3명인 경우 : △
⇨ $2+1=3$(번) → $3×(3-1)÷2=3$
한별이네 모둠 학생이 4명인 경우 : ▧
⇨ $3+2+1=6$(번) → $4×(4-1)÷2=6$

한별이네 모둠 학생이 5명인 경우 :
➡ $4＋3＋2＋1＝10$(번)
→ $5×(5－1)÷2＝10$
따라서 $□×(□－1)÷2＝45$에서
$□×(□－1)＝90$, $□＝10$(명)입니다.

16 만들어지는 가장 작은 사각형의 수를 각각 구하면 첫
번째 : 1개, 두 번째 : $3×2＝6$(개),
세 번째 : $9×4＝36$(개), ……입니다.
만들어지는 가장 작은 사각형의 수는 1개, 6개, 36
개, ……이므로 6배씩 늘어납니다.
네 번째는 $36×6＝216$, 다섯 번째는
$216×6＝1296$입니다.
따라서 가장 작은 사각형이 1296개 만들어질 때는
다섯 번째 그림입니다.

단원평가
78～80쪽

1 8, 12, 16, 20

2 예) 날개의 수는 잠자리의 수의 4배입니다.

3 예) ▲는 ■를 7로 나눈 몫입니다.

4

■	6	7	8	9	10	11	12
●	3	4	5	6	7	8	9

5 ★＝●＋9, ●＝★－9

6 ■＝♥×2, ♥＝■÷2

7 12, 18, 24, 30, 36　　**8** 14, 13, 12, 11

9 예) ▼＝◉×25

10 7, 9, 11　예) ▲＝■×2－1

11 예) ♠＝■×3－1, 299

12 예) ★＝■×4－2　　**13** 46

14 4, 7, 10, 13, 16, 37개

15 예) ♥＝■×12

16 예) ◆＝300－●×3　　**17** 12개

18 예) 자동차의 수를 ●, 바퀴의 수를 ▲라 할 때 바퀴
의 수(▲)는 자동차의 수(●)의 4배입니다.

예) ●	1	2	3	4	5	6
▲	4	8	12	16	20	24

19 서울의 시각은 모스크바의 시각보다 5시간이 빠릅
니다. 따라서 모스크바의 시각이 9월 5일 오후 11
시일 때 서울의 시각은 5시간이 더 빠른 9월 6일
오전 4시입니다.

20 1번 자르면 2도막, 2번 자르면 3도막, 3번 자르면
4도막, ……이 되므로 (자른 횟수)＝(도막의
수)－1입니다. 따라서 9도막으로 나누려면 8번을
잘라야 하므로 모두 $7×8＝56$(분)이 걸립니다.

7 정육각형의 수가 1개씩 늘어날 때마다 변의 수는 6
개씩 늘어납니다.

10 $1＝1×2－1$, $3＝2×2－1$, $5＝3×2－1$, ……
이므로 ▲＝■×2－1입니다.

12 $2＝1×4－2$, $6＝2×4－2$, $10＝3×4－2$
$＝10$, ……이므로 ★＝■×4－2입니다.

13 ■＝9일 때 $★＝9×4－2＝34$입니다.
★＝46일 때 $■＝(46＋2)÷4＝12$입니다.
➡ $34＋12＝46$

14 (면봉의 개수)＝(정사각형의 수)×3＋1
따라서 정사각형 12개를 만드는 데 필요한 면봉의
수는 $12×3＋1＝37$(개)입니다.

15 하루에 푼 문제집의 장수는 $7＋5＝12$(장)이므로
♥＝■×12입니다.

16

●	0	1	2	3	4	……
◆	300	297	294	291	288	……

➡ ◆＝300－●×3

17 전체 바둑돌의 수는 한 변에 놓이는 바둑돌의 수를 2
번 곱한 것과 같습니다. 식으로 나타내면
(전체 바둑돌의 수)＝(한 변에 놓이는 바둑돌의
수)×(한 변에 놓이는 바둑돌의 수)입니다. 따라서
전체 바둑돌의 수가 144개일 때 $144＝12×12$이므
로 한 변에 놓이는 바둑돌의 수는 12개입니다.

4. 약분과 통분

step 1 개념 확인하기 82~83쪽

1 (예) 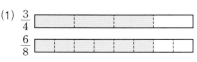 , 4, 8

2 (1) 4, 7 (2) 2, 3, 6   **3** (1) 13, 2 (2) 4, 4, 6

4

$$\left(\frac{14}{15}\right) \quad \left(\frac{13}{48}\right) \quad \frac{48}{60}$$

$$\frac{33}{51} \quad \left(1\frac{17}{43}\right) \quad \left(2\frac{11}{21}\right)$$

5 (1) $\frac{30}{48}$, $\frac{8}{48}$ (2) $\frac{15}{24}$, $\frac{4}{24}$

6 21, 10, 35, >

7 >, $\frac{7}{8}$

0 ──────────────── 1

0.8

0 ──────────────── 1

8 (1) >   (2) <

4 $\frac{48}{60} = \frac{48 \div 12}{60 \div 12} = \frac{4}{5}$

$\frac{33}{51} = \frac{33 \div 3}{51 \div 3} = \frac{11}{17}$

step 2 기본 유형 익히기 84~89쪽

유형1 (1) $\frac{3}{4}$

$\frac{6}{8}$

(2) 같습니다.

1-1 2, 3

1-2 (예) , 9, 15, 12, 20

유형2 (1) 30 (2) 28 (3) 4 (4) 1

2-1 (1) $\frac{6}{14}$, $\frac{9}{21}$, $\frac{12}{28}$ (2) $\frac{10}{22}$, $\frac{15}{33}$, $\frac{20}{44}$

2-2 $\frac{3}{9}$, $\frac{2}{6}$, $\frac{1}{3}$

2-3 (1)

$$\frac{6}{12}, \left(\frac{8}{18}\right), \frac{11}{24}, \left(\frac{16}{36}\right)$$

(2)

$$\frac{7}{10}, \left(\frac{7}{14}\right), \left(\frac{1}{2}\right), \frac{1}{4}$$

유형3 (1) 3, 9 (2) 3, $\frac{9}{12}$, 9, 9, $\frac{3}{4}$

3-1 ②, ④

3-2 (1) 1 (2) 14 (3) 6 (4) 4

3-3 ④

유형4 6, 6, $\frac{3}{5}$

4-1 ②, ⑤

4-2 (1) $\frac{24}{42} \Rightarrow \frac{\overset{12}{24}}{\underset{21}{42}} \Rightarrow \frac{\overset{4}{\overset{12}{24}}}{\underset{21}{\underset{7}{42}}} \Rightarrow \frac{4}{7}$

(2) $\frac{15}{45} \Rightarrow \frac{\overset{5}{15}}{\underset{15}{45}} \Rightarrow \frac{\overset{1}{\overset{5}{15}}}{\underset{15}{\underset{3}{45}}} \Rightarrow \frac{1}{3}$

4-3 18

유형5 6, 6, 12, 15, 6, 12, 12, 20, 8, 9, 12, 12

5-1 (1) 7, 36, 14, 72, 84 (2) 15, 4, 18, 36, 8, 36

5-2 (1) 15, 24 (2) 18, 28

유형6 (1) $\frac{18}{24}$, $\frac{20}{24}$ (2) $\frac{9}{12}$, $\frac{10}{12}$

6-1 (1) $\left(\frac{4}{12}, \frac{9}{12}\right)$ (2) $\left(\frac{105}{150}, \frac{40}{150}\right)$

6-2 (1) 24, 48, 72 (2) $\left(\frac{10}{24}, \frac{9}{24}\right)$

6-3 ㉡, ㉢

유형7 14, 12, >

7-1 (1) > (2) <   **7-2** ㉡

7-3 $\frac{7}{18}, \left(\frac{11}{24}\right)$ **7-4** ㉢

7-5 (예) 최소공배수 36을 공통분모로 하여 통분하면

$\frac{1}{4} = \frac{9}{36}$, $\frac{2}{9} = \frac{8}{36}$ 이므로 $\frac{1}{4} > \frac{2}{9}$ 입니다.

7-6 $\frac{19}{45}$ **7-7** 국어

7-8 은행

유형8 6, <, 7, 28, >, 25, 24, <, 25, $\frac{7}{10}$, $\frac{5}{8}$, $\frac{3}{5}$

8-1 $\frac{4}{15}$, $\frac{3}{7}$, $\frac{9}{10}$

8-2

$$\boxed{\frac{3}{4}} \qquad \frac{7}{10} \qquad \triangle\frac{2}{5}$$

8-3 석기   **8-4** 3, 4

8-5 (1) $\frac{3}{5}$, $\frac{3}{8}$, $\frac{3}{10}$

(2) 분자가 모두 같은 분수끼리는 분모가 작을수록 더 큰 수입니다.

8-6 가영

유형9 18, 15, >

9-1 (1) 0.85, >   (2) <, 0.296

9-2 (1) <   (2) >

9-3

$$1.12 \quad 1.48 \quad \boxed{1.5} \quad 1.25 \quad \boxed{1.79}$$

9-4 도서관

유형10 (1) 0.32   (2) 0.55   (3) $\frac{8}{25}$

10-1

$$\triangle\frac{19}{200} \qquad \frac{1}{5} \qquad \boxed{0.38}$$

10-2 $1\frac{33}{40}$, $1\frac{3}{5}$, 1.58   **10-3** 혜미

1-2 색칠한 부분이 서로 같은 것을 찾아봅니다.

2-2 $\frac{6}{18}=\frac{6\div2}{18\div2}=\frac{3}{9}$, $\frac{6}{18}=\frac{6\div3}{18\div3}=\frac{2}{6}$,

$\frac{6}{18}=\frac{6\div6}{18\div6}=\frac{1}{3}$

2-3 (1) $\frac{4}{9}=\frac{4\times2}{9\times2}=\frac{4\times4}{9\times4}$

(2) $\frac{14}{28}=\frac{14\div2}{28\div2}=\frac{14\div14}{28\div14}$

3-1 45와 105의 최대공약수가 15이므로 이들의 공약수 1, 3, 5, 15로 약분할 수 있습니다.

3-2 (1) $\frac{9}{27}=\frac{9\div9}{27\div9}=\frac{1}{3}$ (4) $\frac{56}{98}=\frac{56\div14}{98\div14}=\frac{4}{7}$

3-3 72와 96의 공약수는 1, 2, 3, 4, 6, 8, 12, 24이므로 $\frac{72}{96}$를 약분한 분수는 $\frac{3}{4}$, $\frac{6}{8}$, $\frac{9}{12}$, $\frac{12}{16}$, $\frac{18}{24}$, $\frac{24}{32}$, $\frac{36}{48}$입니다.

4-1 분모와 분자의 공약수가 1뿐인 분수를 찾습니다.

4-2 분모와 분자의 공약수가 1이 될 때까지 나누는 방법입니다.

4-3 약분하여 분모가 가장 작은 분수로 나타내려면 54

와 90의 최대공약수인 18로 나누어야 합니다.

5-2 (1) $\left(\frac{1}{2}, \frac{4}{5}\right) \Rightarrow \left(\frac{1\times15}{2\times15}, \frac{4\times6}{5\times6}\right)$

$\Rightarrow \left(\frac{15}{30}, \frac{24}{30}\right)$

(2) $\left(\frac{3}{8}, \frac{7}{12}\right) \Rightarrow \left(\frac{3\times6}{8\times6}, \frac{7\times4}{12\times4}\right)$

$\Rightarrow \left(\frac{18}{48}, \frac{28}{48}\right)$

6-2 (1) 공통분모가 되는 수는 두 분모의 공배수입니다. 12와 8의 공배수는 24, 48, 72, ……입니다.

6-3 ⓒ 공통분모는 9와 12의 공배수가 되어야 합니다. 48은 두 수의 공배수가 아닙니다.

ⓒ $\left(\frac{7}{9}, \frac{5}{12}\right) \Rightarrow \left(\frac{7\times8}{9\times8}, \frac{5\times6}{12\times6}\right)$

$\Rightarrow \left(\frac{56}{72}, \frac{30}{72}\right)$

7-1 (1) $\left(\frac{5}{6}, \frac{4}{10}\right) \Rightarrow \left(\frac{25}{30}, \frac{12}{30}\right) \Rightarrow \frac{5}{6} > \frac{4}{10}$

7-4 $\frac{2}{5}=\frac{4}{10}=\frac{6}{15}=\frac{8}{20}=\frac{10}{25}$

7-6 $\frac{2}{5} < \frac{\square}{45} < \frac{4}{9} \rightarrow \frac{2\times9}{5\times9} < \frac{\square}{45} < \frac{4\times5}{9\times5}$

$\rightarrow \frac{18}{45} < \frac{\square}{45} < \frac{20}{45}$

따라서 $\square=19$이므로 구하는 분수는 $\frac{19}{45}$입니다.

7-7 수학 공부 : $\frac{3}{4}=\frac{9}{12}$, 국어 공부 : $\frac{5}{6}=\frac{10}{12}$

따라서 $\frac{9}{12} < \frac{10}{12}$이므로 국어 공부를 더 오래 했습니다.

7-8 $\frac{3}{8}=\frac{15}{40}$, $\frac{9}{20}=\frac{18}{40}$이므로 $\frac{3}{8} < \frac{9}{20}$입니다. 따라서 상연이네 집에서 더 먼 곳은 은행입니다.

8-1 $\left(\frac{3}{7}, \frac{9}{10}\right) \Rightarrow \left(\frac{30}{70} < \frac{63}{70}\right)$,

$\left(\frac{9}{10}, \frac{4}{15}\right) \Rightarrow \left(\frac{27}{30} > \frac{8}{30}\right)$,

$\left(\frac{3}{7}, \frac{4}{15}\right) \Rightarrow \left(\frac{45}{105} > \frac{28}{105}\right)$

따라서 $\frac{4}{15} < \frac{3}{7} < \frac{9}{10}$입니다.

8-3 $\left(2\frac{3}{8}, 2\frac{2}{5}\right)=\left(2\frac{15}{40}, 2\frac{16}{20}\right) \Rightarrow 2\frac{3}{8} < 2\frac{2}{5}$

$\left(2\frac{2}{5}, 2\frac{11}{20}\right)=\left(2\frac{8}{20}, 2\frac{11}{20}\right) \Rightarrow 2\frac{2}{5} < 2\frac{11}{20}$

따라서 $2\frac{3}{8} < 2\frac{2}{5} < 2\frac{11}{20}$이므로 석기의 가방이 가장 무겁습니다.

8-4 분모를 모두 16으로 만들어 생각합니다.
$\frac{4}{16} < \frac{\square \times 2}{16} < \frac{9}{16}$에서 □ 안에는 3과 4를 넣을 수 있습니다.

8-5 $\frac{3}{5} > \frac{3}{8}$, $\frac{3}{8} > \frac{3}{10}$이므로 $\frac{3}{5} > \frac{3}{8} > \frac{3}{10}$입니다.

8-6 $\left(\frac{3}{4}, \frac{4}{5}\right) \rightarrow \left(\frac{15}{20} < \frac{16}{20}\right)$,
$\left(\frac{4}{5}, \frac{5}{6}\right) \rightarrow \left(\frac{24}{30} < \frac{25}{30}\right)$
따라서 $\frac{5}{6} > \frac{4}{5} > \frac{3}{4}$이므로 음료수를 가장 많이 마시는 사람은 가영입니다.

유형9 분모를 20으로 통분하여 분자의 크기를 비교합니다.

9-1 (2) $\frac{37}{125} = \frac{37 \times 8}{125 \times 8} = \frac{296}{1000} = 0.296$

9-2 (1) $\frac{4}{25} = 0.16$ (2) $1\frac{7}{20} = 1.35$

9-3 $1\frac{12}{25} = 1\frac{48}{100} = 1.48$이므로 $1\frac{12}{25}$보다 큰 소수는 1.48보다 큰 수입니다.

9-4 $1\frac{7}{25} = 1 + \frac{28}{100} = 1.28$ ⇨ $1\frac{7}{25} < 1.45$

10-1 $\frac{19}{200} = \frac{95}{1000} = 0.095$,
$\frac{1}{5} = 0.2$ ⇨ $0.38 > \frac{1}{5} > \frac{19}{200}$

10-2 $1\frac{33}{40} = 1\frac{825}{1000} = 1.825$, $1\frac{3}{5} = 1\frac{6}{10} = 1.6$

10-3 $1\frac{3}{4} = 1\frac{75}{100} = 1.75$,
$1\frac{92}{125} = 1\frac{736}{1000} = 1.736$
⇨ $1\frac{3}{4} > 1\frac{92}{125} > 1.73$

step 3 기본 유형 다지기 90~95쪽

1 (1) 64 (2) 1, 28 (3) 7 (4) 3, 3
2 ②, ④   **3** ③

4 $2\frac{8}{56}$ $2\frac{1}{7}$ $2\frac{2}{14}$ $2\frac{4}{28}$
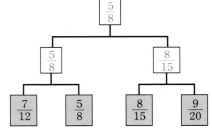

5 2, 3, 6   **6** ⑤
7 3조각   **8** $\frac{9}{12}$, $\frac{3}{4}$
9 $\boxed{\frac{5}{9}}$ $\frac{12}{18}$ $\boxed{\frac{10}{21}}$ $\boxed{\frac{3}{8}}$ $\frac{48}{60}$

10 (1) 5, $\frac{5}{9}$ (2) 8, $\frac{4}{9}$ **11** (1) $\frac{3}{7}$ (2) $\frac{3}{13}$
12 4개   **13** ②
14 ⑤   **15** $\frac{11}{18}$, $\frac{13}{18}$, $\frac{17}{18}$
16 ㉢, ㉤, ㉦   **17** ④
18 4개   **19** $\frac{55}{99}$
20 $\frac{11}{19}$
21 통분한다, 공통분모, 공배수
22 (1) $\left(\frac{60}{96}, \frac{56}{96}\right)$ (2) $\left(\frac{18}{60}, \frac{10}{60}\right)$
23 45, 90, 135   **24** 12, 36
25 (1) $\left(\frac{25}{30}, \frac{9}{30}\right)$ (2) $\left(\frac{12}{90}, \frac{25}{90}\right)$
26 7, 42, 28   **27** $\frac{7}{8}$, $\frac{9}{10}$
28 $\left(\frac{9}{2}, \frac{2}{9}\right)$ ⇨ $\left(\frac{81}{18}, \frac{4}{18}\right)$
29 ⑤   **30** (1) < (2) <
31

```
            [5/8]
       ┌──────┴──────┐
     [5/8]          [8/15]
    ┌──┴──┐        ┌──┴──┐
 [7/12] [5/8]   [8/15] [9/20]
```

32 6, 9, 18
33 (1) $\frac{1}{3}$, $\frac{2}{9}$, $\frac{1}{5}$ (2) $\frac{1}{6}$, $\frac{3}{10}$, $\frac{3}{5}$
34 $\frac{3}{4}$, $\frac{5}{7}$, $\frac{7}{10}$
35 주스   **36** 그림
37 우체국   **38** $\frac{5}{9}$
39 나, 가, 다   **40** ㉡
41 $\frac{65}{117}$ **42** 3

43 $\dfrac{1}{5}$　　　　**44** 18, 19

45 9개

46 (1) $\dfrac{2}{9}$, $\dfrac{7}{18}$　(2) $\dfrac{2}{9}$, $\dfrac{7}{18}$, $\dfrac{1}{2}$, $\dfrac{2}{3}$

47 분수 또는 소수로 통일하여 크기를 비교합니다.

　[방법 1] 분수 $\dfrac{13}{20}$ 을 소수로 고치면

　$\dfrac{13}{20} = \dfrac{65}{100} = 0.65$이므로 $0.65 < 0.67$입니다.

　따라서 소수 0.67이 더 큰 수입니다.

　[방법 2] 소수 0.67을 분수로 고치면

　$0.67 = \dfrac{67}{100}$이고, $\dfrac{13}{20} = \dfrac{65}{100}$이므로

　$\dfrac{65}{100} < \dfrac{67}{100}$입니다.

　따라서 소수 0.67이 더 큰수입니다.

2 크기가 같은 분수를 만들 때에는 분수의 분모와 분자에 0이 아닌 같은 수를 곱하거나 분모와 분자를 0이 아닌 같은 수로 나누어야 합니다.

3 ① $2\dfrac{28}{56} = 2\dfrac{28 \div 2}{56 \div 2} = 2\dfrac{14}{28}$

　② $2\dfrac{28}{56} = 2\dfrac{28 \div 4}{56 \div 4} = 2\dfrac{7}{14}$

　④ $2\dfrac{28}{56} = 2\dfrac{28 \times 2}{56 \times 2} = 2\dfrac{56}{112}$

　⑤ $2\dfrac{28}{56} = 2\dfrac{28 \div 28}{56 \div 28} = 2\dfrac{1}{2}$

5 18과 24의 공약수인 1, 2, 3, 6으로 나누면 됩니다.

6 ① $\dfrac{8}{16}$　② $\dfrac{14}{16}$　③ $\dfrac{5}{16}$　④ $\dfrac{7}{16}$　⑤ $\dfrac{12}{16}$

7 먼저 두 분수의 크기가 같아지도록 색칠한 다음 색칠한 부분이 몇 칸인지 세어봅니다.

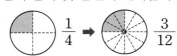

8 36과 27의 공약수 3, 9로 분모와 분자를 나누어 봅니다.

　$\dfrac{27 \div 3}{36 \div 3} = \dfrac{9}{12}$, $\dfrac{27 \div 9}{36 \div 9} = \dfrac{3}{4}$

9 분모와 분자의 공약수가 1뿐인 분수를 찾습니다.

10 (1) $\dfrac{25}{45} = \dfrac{25 \div 5}{45 \div 5} = \dfrac{5}{9}$　(2) $\dfrac{32}{72} = \dfrac{32 \div 8}{72 \div 8} = \dfrac{4}{9}$

11 (1) $\dfrac{45}{105} \Rightarrow \dfrac{3}{7}$

　(2) 169와 39의 최대공약수 : 13, $\dfrac{39 \div 13}{169 \div 13} = \dfrac{3}{13}$

12 분모가 12인 진분수는 $\dfrac{1}{12}$, $\dfrac{2}{12}$, $\dfrac{3}{12}$, $\cdots$, $\dfrac{11}{12}$입니다. 이 중에서 기약분수는 $\dfrac{1}{12}$, $\dfrac{5}{12}$, $\dfrac{7}{12}$, $\dfrac{11}{12}$입니다.

13 $\dfrac{36}{54}$ 을 약분할 수 있는 수는 36과 54의 공약수이므로 두 수의 최대공약수인 18의 약수 1, 2, 3, 6, 9, 18 중 1을 제외한 수로 약분할 수 있습니다.

16 $\dfrac{12}{42} = \dfrac{2}{7}$이므로 약분하여 $\dfrac{2}{7}$가 되는 분수를 찾습니다.

17 ① $\dfrac{3}{4}$　② $\dfrac{2}{3}$　③ $\dfrac{4}{5}$　④ $\dfrac{1}{4}$　⑤ $\dfrac{5}{12}$

18 $\dfrac{7}{15} = \dfrac{14}{30} = \dfrac{21}{45} = \dfrac{28}{60} = \dfrac{35}{75} = \dfrac{42}{90} = \cdots$

　$\dfrac{7}{15}$ 과 크기가 같은 분수 중에서 주어진 조건을 만족하는 분수는 $\dfrac{21}{45}$, $\dfrac{28}{60}$, $\dfrac{35}{75}$, $\dfrac{42}{90}$로 모두 4개입니다.

19 $100 \div 9 = 11 \cdots 1$이므로 9의 배수 중 100에 가장 가까운 수는 99입니다.

　따라서 $\dfrac{5}{9} = \dfrac{5 \times 11}{9 \times 11} = \dfrac{55}{99}$입니다.

20
$$\begin{array}{r} 2\,)\overline{\,176\quad 304\,} \\ 2\,)\overline{\,\ 88\quad 152\,} \\ 2\,)\overline{\,\ 44\quad\ 76\,} \\ 2\,)\overline{\,\ 22\quad\ 38\,} \\ 11\quad\ 19 \end{array}$$
176과 304의 최대공약수가 $2 \times 2 \times 2 \times 2 = 16$이므로 분모와 분자를 16으로 나눕니다.

$\Rightarrow \dfrac{176}{304} = \dfrac{176 \div 16}{304 \div 16} = \dfrac{11}{19}$

22 (1) $\left(\dfrac{5 \times 12}{8 \times 12}, \dfrac{7 \times 8}{12 \times 8}\right) \Rightarrow \left(\dfrac{60}{96}, \dfrac{56}{96}\right)$

　(2) $\left(\dfrac{3 \times 6}{10 \times 6}, \dfrac{1 \times 10}{6 \times 10}\right) \Rightarrow \left(\dfrac{18}{60}, \dfrac{10}{60}\right)$

23 15와 9의 최소공배수의 배수는 두 수의 공배수와 같습니다.

$$\begin{array}{r} 3\,)\overline{\,15\quad 9\,} \\ 5\quad 3 \end{array} \Rightarrow \text{최소공배수} : 3 \times 5 \times 3 = 45$$

따라서 공통분모가 될 수 있는 수는 45, 90, 135, $\cdots$입니다.

24 공통분모가 될 수 있는 수는 6과 4의 공배수이므로 두 수의 최소공배수인 12의 배수이어야 합니다.

27 $\frac{35}{40}$와 $\frac{36}{40}$을 약분하여 기약분수로 나타냅니다.

따라서 통분하기 전의 두 기약분수는

$\frac{35 \div 5}{40 \div 5} = \frac{7}{8}$, $\frac{36 \div 4}{40 \div 4} = \frac{9}{10}$ 입니다.

28 분모의 크기가 작을수록, 분자의 크기가 클수록 큰 수이므로 가장 큰 분수는 $\frac{9}{2}$, 가장 작은 분수는 $\frac{2}{9}$ 입니다. 두 분수를 통분하면

$\left(\frac{9}{2}, \frac{2}{9} \right) \Rightarrow \left(\frac{81}{18}, \frac{4}{18} \right)$ 입니다.

29 ⑤ $\left(\frac{10}{11}, \frac{12}{13} \right) \Rightarrow \left(\frac{130}{143}, \frac{132}{143} \right) \Rightarrow \frac{10}{11} < \frac{12}{13}$

30 (1) $\frac{4}{7} = \frac{4 \times 4}{7 \times 4} = \frac{16}{28}$,

$\frac{3}{4} = \frac{3 \times 7}{4 \times 7} = \frac{21}{28} \Rightarrow \frac{4}{7} < \frac{3}{4}$

(2) $1\frac{9}{10} = 1\frac{9 \times 8}{10 \times 8} = 1\frac{72}{80}$,

$1\frac{15}{16} = 1\frac{15 \times 5}{16 \times 5} = 1\frac{75}{80} \Rightarrow 1\frac{9}{10} < 1\frac{15}{16}$

31 $\frac{7}{12} = \frac{14}{24} < \frac{5}{8} = \frac{15}{24}$, $\frac{8}{15} = \frac{32}{60} > \frac{9}{20} = \frac{27}{60}$,

$\frac{5}{8} = \frac{75}{120} > \frac{8}{15} = \frac{64}{120}$

32 $\frac{5 \times 6}{\square \times 6} = \frac{30}{36}$ 에서 $\square = 6$,

$\frac{5 \times 4}{\square \times 4} = \frac{20}{36}$ 에서 $\square = 9$,

$\frac{7 \times 2}{\square \times 2} = \frac{14}{36}$ 에서 $\square = 18$입니다.

33 (2) $\left(\frac{3}{5}, \frac{3}{10} \right) \Rightarrow \left(\frac{6}{10}, \frac{3}{10} \right) \Rightarrow \frac{3}{5} > \frac{3}{10}$

$\left(\frac{3}{10}, \frac{1}{6} \right) \Rightarrow \left(\frac{9}{30}, \frac{5}{30} \right) \Rightarrow \frac{3}{10} > \frac{1}{6}$

$\Rightarrow \frac{1}{6} < \frac{3}{10} < \frac{3}{5}$

34 $\frac{3}{4} = \frac{21}{28} > \frac{5}{7} = \frac{20}{28}$, $\frac{5}{7} = \frac{50}{70} > \frac{7}{10} = \frac{49}{70}$

$\Rightarrow \frac{3}{4} > \frac{5}{7} > \frac{7}{10}$

35 $\frac{5}{8} = \frac{25}{40} > \frac{11}{20} = \frac{22}{40}$

36 $\left(\frac{2}{5}, \frac{8}{19} \right) \Rightarrow \left(\frac{38}{95}, \frac{40}{95} \right) \Rightarrow \frac{2}{5} < \frac{8}{19}$

따라서 그림이 더 많이 차지합니다.

37 $\left(1\frac{9}{20}, 1\frac{2}{5} \right) \Rightarrow \left(1\frac{9}{20}, 1\frac{8}{20} \right) \Rightarrow 1\frac{9}{20} > 1\frac{2}{5}$

따라서 집에서 더 가까운 곳은 우체국입니다.

38 $\frac{2}{5} < \frac{1}{2}$, $\frac{11}{12} > \frac{1}{2}$, $\frac{5}{9} > \frac{1}{2}$, $\frac{7}{15} < \frac{1}{2}$, $\frac{17}{20} > \frac{1}{2}$

이므로 $\frac{1}{2}$보다 큰 분수는 $\frac{11}{12}$, $\frac{5}{9}$, $\frac{17}{20}$ 입니다.

또한 $\frac{11}{12} > \frac{3}{4}$, $\frac{5}{9} < \frac{3}{4}$, $\frac{17}{20} > \frac{3}{4}$이므로 $\frac{3}{4}$보다

작은 분수는 $\frac{5}{9}$ 입니다.

따라서 조건을 모두 만족하는 분수는 $\frac{5}{9}$ 입니다.

39 $\left(\frac{2}{5}, \frac{1}{8} \right) \Rightarrow \left(\frac{16}{40} > \frac{5}{40} \right)$,

$\left(\frac{1}{8}, \frac{3}{4} \right) \Rightarrow \left(\frac{1}{8} < \frac{6}{8} \right)$,

$\left(\frac{2}{5}, \frac{3}{4} \right) \Rightarrow \left(\frac{8}{20} < \frac{15}{20} \right)$이므로 $\frac{1}{8} < \frac{2}{5} < \frac{3}{4}$입니다.

🔑 별해 $\frac{2}{5} = \frac{16}{40}$, $\frac{1}{8} = \frac{5}{40}$,

$\frac{3}{4} = \frac{30}{40} \Rightarrow \frac{1}{8} < \frac{2}{5} < \frac{3}{4}$

40 $\left(5\frac{1}{2}, 5\frac{13}{20} \right) \Rightarrow \left(5\frac{10}{20}, 5\frac{13}{20} \right) \Rightarrow 5\frac{10}{20} < 5\frac{13}{20}$

$\left(5\frac{13}{20}, 5\frac{3}{8} \right) \Rightarrow \left(5\frac{26}{40}, 5\frac{15}{40} \right) \Rightarrow 5\frac{26}{40} > 5\frac{15}{40}$

이므로 가장 무거운 화분은 ⓒ입니다.

41 $120 \div 9 = 13 \cdots 3$에서 $9 \times 13 = 117$, $9 \times 14 = 126$

이므로 120에 가장 가까운 분모는 117입니다.

따라서 $\frac{5 \times 13}{9 \times 13} = \frac{65}{117}$ 입니다.

42 $\frac{1}{5} = \frac{1 + \square}{5 + 15} = \frac{1 + \square}{20}$이므로 분모를 4배 한 것과 같습니다.

따라서 분자는 $1 \times 4 = 4$로 $1 + \square = 4$, $\square = 3$입니다.

43 $\frac{4}{20} = \frac{1}{5}$

44 $3.85 = 3\frac{85}{100} = 3\frac{17}{20}$이므로 $\square$ 안에 들어갈 수 있는 자연수는 18, 19입니다.

45 $\frac{1}{3} < \frac{\square}{24} < \frac{3}{4} \Rightarrow \frac{1 \times 8}{3 \times 8} < \frac{\square}{24} < \frac{3 \times 6}{4 \times 6}$

$\Rightarrow \frac{8}{24} < \frac{\square}{24} < \frac{18}{24}$

$8<\square<18$에서 $\square=9$, 10, ……, 17이므로
$17-9+1=9$(개)입니다.

46 (2) $\dfrac{2}{9}=\dfrac{4}{18}$이므로 $\dfrac{2}{9}<\dfrac{7}{18}$입니다.

---

step 4 응용실력기르기 · 96~99쪽

1 $\dfrac{17}{40}$

2 $\dfrac{16}{20}$

3 $\dfrac{17}{18}$

4 $\dfrac{40}{96}$

5 $\dfrac{3}{22}$

6 42개

7 20번째

8 1, 2, 3, 4

9 $\dfrac{7}{3}$

10 7

11 $\dfrac{15}{20}$

12 4개

13 11개

14 $\dfrac{13}{25}$

15 ㉯, 0.04

16 12

---

1 $\left(\dfrac{2}{5},\ \dfrac{7}{16}\right)\Rightarrow\left(\dfrac{32}{80},\ \dfrac{35}{80}\right)$

$\dfrac{32}{80}$와 $\dfrac{35}{80}$ 사이에 있는 수는 $\dfrac{33}{80}$, $\dfrac{34}{80}$이고 이 중 분모가 40인 분수는 $\dfrac{34}{80}=\dfrac{17}{40}$입니다.

2 주어진 기약분수 $\dfrac{4}{5}$의 분모와 분자의 합은 9입니다.

$36\div9=4$이므로 $\dfrac{4}{5}$의 분모와 분자에 각각 4를 곱합니다. $\Rightarrow\dfrac{4}{5}=\dfrac{4\times4}{5\times4}=\dfrac{16}{20}$

3 주어진 분수는 모두 분자가 분모보다 1 작은 분수입니다. 각각 1보다 $\dfrac{1}{7}$, $\dfrac{1}{9}$, $\dfrac{1}{5}$, $\dfrac{1}{24}$, $\dfrac{1}{18}$이 작은 수이고 $\dfrac{1}{24}<\dfrac{1}{18}<\dfrac{1}{9}<\dfrac{1}{7}<\dfrac{1}{5}$이므로

$\dfrac{23}{24}>\dfrac{17}{18}>\dfrac{8}{9}>\dfrac{6}{7}>\dfrac{4}{5}$입니다.

따라서 $\dfrac{17}{18}$이 두 번째로 큰 수입니다.

4 ■와 ▲의 최대공약수는 8이고, 분수 $\dfrac{\text{▲}}{\text{■}}$의 분모와 분자를 최대공약수 8로 나눈 기약분수가

$\dfrac{5}{12}$이므로 $\dfrac{\text{▲}}{\text{■}}=\dfrac{5\times8}{12\times8}=\dfrac{40}{96}$입니다.

5 3으로 약분하기 전의 분수는 $\dfrac{1\times3}{5\times3}=\dfrac{3}{15}$이므로 어떤 분수는 $\dfrac{3}{15+7}=\dfrac{3}{22}$입니다.

6 49는 7의 배수이므로 분자가 7의 배수인 분수의 개수는 6개입니다. 이 분수들은 기약분수가 아니므로 기약분수는 $48-6=42$(개)입니다.

7 나열된 분수의 분모, 분자의 차가 모두 16이므로 $\dfrac{3}{5}$과 크기가 같은 분수 중에서 분모, 분자의 차가 16인 분수를 찾습니다. $\dfrac{3}{5}$은 분모, 분자의 차가 2이므로 $16\div2=8$에서 구하는 분수는 $\dfrac{3\times8}{5\times8}=\dfrac{24}{40}$입니다.

따라서 규칙에 따라 나열한 분수는 분모가 21부터 1씩 커지므로 $\dfrac{24}{40}$는 20번째 분수입니다.

8 두 분수를 24와 16의 최소공배수인 48을 공통분모로 하여 통분합니다.

$\dfrac{7\times2}{24\times2}>\dfrac{\square\times3}{16\times3}$이므로 $\dfrac{14}{48}>\dfrac{\square\times3}{48}$에서 $14>\square\times3$입니다. 따라서 $\square=1$, 2, 3, 4입니다.

9 2보다 큰 분수 : $\dfrac{5}{2}$, $\dfrac{7}{2}$, $\dfrac{9}{2}$, $\dfrac{7}{3}$, $\dfrac{9}{3}$ 이 중에서 가장 작은 분수는 $\dfrac{7}{3}$입니다.

10 $\dfrac{35}{120}=\dfrac{35-\square}{120-24}=\dfrac{35-\square}{96}$,

$\dfrac{35}{120}=\dfrac{7}{24}=\dfrac{28}{96}$, $35-\square=28$에서 $\square=7$입니다.

11 $\dfrac{3}{4}=\dfrac{3\times\square}{4\times\square}$에서 $\square$가 분자, 분모의 최대공약수이고, $4\times3\times\square$가 최소공배수입니다.

따라서 $4\times3\times\square=60$에서 $\square=5$이므로 $\dfrac{3\times5}{4\times5}=\dfrac{15}{20}$입니다.

12 분자가 56인 분수로 나타내면

$\dfrac{7\times8}{11\times8}<\dfrac{8\times7}{\square\times7}<\dfrac{56}{56}\Rightarrow\dfrac{56}{88}<\dfrac{56}{\square\times7}<\dfrac{56}{56}$이므로 $56<\square\times7<88$입니다.

따라서 $\square$ 안에 들어갈 수 있는 수는 9, 10, 11, 12로 4개입니다.

13 $\dfrac{5\times5}{8\times2}=\dfrac{10}{16}$, $\dfrac{5\times3}{8\times3}=\dfrac{15}{24}$, $\cdots$ $\dfrac{5\times12}{8\times12}=\dfrac{60}{96}$

$\dfrac{5}{8}$와 크기가 같은 분수 중 분모가 두 자리 수인 분수는 분모와 분자에 2에서 12까지 곱한 분수입니다.

14 $\dfrac{13}{25}=0.52$, $\dfrac{4}{5}=0.8$, $\dfrac{117}{200}=0.585$

⇨ $0.52<0.58<0.585<0.675<0.8$

따라서 가장 작은 수인 $\dfrac{13}{25}$이 수직선에서 가장 왼쪽에 있습니다.

$$\underset{0.5}{\overset{\frac{13}{25}}{\downarrow}}\quad \underset{0.58}{\overset{\frac{117}{200}}{\downarrow}}\quad \underset{0.6\ \ 0.675}{\uparrow}\ 0.7\quad \underset{0.8}{\overset{\frac{4}{5}}{\downarrow}}$$

15 ㉮와 ㉯의 크기를 직접 비교할 수 없으므로 빼는 수의 크기를 비교합니다.

$\dfrac{21}{25}=0.84$이고 ㉮에서 0.8을 뺀 값이 ㉯에서 0.84를 뺀 값과 같으므로 ㉯가 $0.84-0.8=0.04$ 더 큽니다.

16 $5.32=5\dfrac{32}{100}=5\dfrac{8}{25}$이므로 분모가 200인 분수로 통분하면 $5\dfrac{8}{25}=5\dfrac{64}{200}$, $5\dfrac{\square}{40}=5\dfrac{\square\times5}{200}$입니다.

따라서 $64>\square\times5$이므로 □ 안에 들어갈 수 있는 가장 큰 자연수는 12입니다.

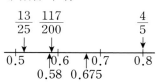 응용실력 높이기   100~103쪽

1 $\dfrac{19}{126}$	**2** 35
3 $\dfrac{52}{115}$, $\dfrac{27}{40}$, $\dfrac{25}{36}$, $\dfrac{7}{8}$	**4** 동민, 상연, 지혜
5 $\dfrac{7}{4}$	**6** 5
7 27	**8** ㉠ : 30, ㉡ : 5
9 3	**10** $\dfrac{6}{121}$, $\dfrac{5}{147}$, $\dfrac{4}{169}$
11 23개	**12** $\dfrac{3}{8}$, $\dfrac{5}{12}$, $\dfrac{11}{24}$
13 ㉯	**14** $\dfrac{2}{3}$, $\dfrac{2}{5}$
15 7개	**16** 10가지

1 $\dfrac{1}{7}=\dfrac{6}{42}$, $\dfrac{1}{6}=\dfrac{7}{42}$입니다. 분자끼리의 차가 1이므로 이를 분자의 차가 6이 되도록 하기 위하여 $\dfrac{6\times6}{42\times6}=\dfrac{36}{252}$, $\dfrac{7\times6}{42\times6}=\dfrac{42}{252}$로 나타내면 수직선의 한 칸이 $\dfrac{1}{252}$을 나타냄을 알 수 있습니다.

따라서 ㉮$=\dfrac{36+2}{252}=\dfrac{38}{252}=\dfrac{19}{126}$입니다.

2 $\dfrac{2+10}{7+\square}=\dfrac{12}{7+\square}=\dfrac{2}{7}$ 분자를 6배 하였으므로 분모도 6배 합니다.

따라서 $7\times6=42=7+\square$이므로 $\square=35$입니다.

3 $\dfrac{1}{2}$보다 큰 분수와 작은 분수로 나누어 비교하면

$\dfrac{52}{115}$는 $\dfrac{1}{2}$보다 작은 분수가 되어 가장 작습니다.

$\left(\dfrac{7}{8}, \dfrac{25}{36}\right)=\left(\dfrac{63}{72}, \dfrac{50}{72}\right)$에서 $\dfrac{7}{8}>\dfrac{25}{36}$입니다.

$\left(\dfrac{25}{36}, \dfrac{27}{40}\right)=\left(\dfrac{250}{360}, \dfrac{243}{360}\right)$에서 $\dfrac{25}{36}>\dfrac{27}{40}$입니다. 따라서 가장 작은 분수부터 차례로 쓰면

$\dfrac{52}{115}$, $\dfrac{27}{40}$, $\dfrac{25}{36}$, $\dfrac{7}{8}$입니다.

4 쓴 용돈은 지혜는 처음 용돈의 $\dfrac{22}{23}$, 상연이는 $\dfrac{23}{24}$, 동민이는 $\dfrac{26}{27}$입니다.

$\dfrac{22}{23}$, $\dfrac{23}{24}$, $\dfrac{26}{27}$은 분자가 분모보다 1 작은 분수이므로 분모가 클수록 큽니다.

따라서 $\dfrac{22}{23}<\dfrac{23}{24}<\dfrac{26}{27}$입니다.

5 2보다 작으면서 2에 가장 가까운 분수를 만들어 봅니다.

$\dfrac{4}{3}=1\dfrac{1}{3}$, $\dfrac{7}{4}=1\dfrac{3}{4}$, $\dfrac{9}{7}=1\dfrac{2}{7}$, $\dfrac{9}{6}=1\dfrac{3}{6}$ 중에서 가장 큰 분수는 $\dfrac{7}{4}$입니다.

6 $\dfrac{3}{5}<\dfrac{4}{㉠}<\dfrac{6}{7}$ ⇨ $\dfrac{12}{20}<\dfrac{12}{㉠\times3}<\dfrac{12}{14}$에서 ㉠에 알맞은 수는 5, 6입니다.

$\dfrac{1}{6}<\dfrac{㉡}{12}<\dfrac{1}{2}$ ⇨ $\dfrac{2}{12}<\dfrac{㉡}{12}<\dfrac{6}{12}$에서 ㉡에 알맞은 수는 3, 4, 5입니다.

따라서 ㉠과 ㉡에 공통으로 들어갈 수 있는 수는 5입니다.

7 공통분모가 48이므로 ●가 될 수 있는 수는 48의

약수 중 9보다 큰 수인 12, 16, 24, 48입니다.

이 중 ●가 16일 때 $\dfrac{9}{●}=\dfrac{9}{16}$로 기약분수이므로

□ 안에 들어갈 수 있는 수는 $9\times3=27$입니다.

8 $180=2\times2\times3\times3\times5$이므로

$\dfrac{1}{180}=\dfrac{1}{2\times3\times5\times2\times3}$ 입니다.

분모, 분자에 각각 5를 곱하면

$\dfrac{5}{(2\times3\times5)\times(2\times3\times5)}$ 이므로

㉠$=2\times3\times5=30$, ㉡$=5$입니다.

9 분자를 같게 하여 생각해 봅니다.

$\dfrac{2\times14}{3\times14}=\dfrac{28}{42}$, $\dfrac{4\times7}{㉠\times7}=\dfrac{28}{㉠\times7}$, $\dfrac{4\times7}{3\times7}=\dfrac{28}{21}$,

$\dfrac{7\times4}{㉡\times7}=\dfrac{28}{㉡\times4}$, $\dfrac{14\times2}{3\times2}=\dfrac{28}{6}$

$\dfrac{28}{42}<\dfrac{28}{㉠\times7}<\dfrac{28}{21}$ ⇨ $21<㉠\times7<42$에서

㉠$\times7$이 가장 크게 되려면 ㉠$=5$입니다.

$\dfrac{28}{21}<\dfrac{28}{㉡\times4}<\dfrac{28}{6}$ ⇨ $6<㉡\times4<21$에서

㉡$\times4$가 가장 작게 되려면 ㉡$=2$입니다.

따라서 $5-2=3$입니다.

10 분모를 통분하기 복잡할 때는 분자를 같게 하여 크기를 비교할 수 있습니다.

$\dfrac{6}{121}=\dfrac{6\times10}{121\times10}=\dfrac{60}{1210}$,

$\dfrac{4}{169}=\dfrac{4\times15}{169\times15}=\dfrac{60}{2535}$,

$\dfrac{5}{147}=\dfrac{5\times12}{147\times12}=\dfrac{60}{1764}$이므로

$\dfrac{60}{1210}>\dfrac{60}{1764}>\dfrac{60}{2535}$ ⇨ $\dfrac{6}{121}>\dfrac{5}{147}>\dfrac{4}{169}$

입니다.

11 분모가 40인 진분수 중 기약분수가 아닌 분수는 분자가 2의 배수이거나 5의 배수인 수입니다.

1부터 39까지의 수 중에서 2의 배수는 19개, 5의 배수는 7개, 10의 배수는 3개입니다.

따라서 $19+7-3=23$(개)입니다.

12 $\left(\dfrac{1}{3},\ \dfrac{1}{2}\right)$ ⇨ $\left(\dfrac{2}{6},\ \dfrac{3}{6}\right)$, $\left(\dfrac{4}{12},\ \dfrac{6}{12}\right)$,

$\left(\dfrac{6}{18},\ \dfrac{9}{18}\right)$, $\left(\dfrac{8}{24},\ \dfrac{12}{24}\right)$, ……

$\dfrac{8}{24}$과 $\dfrac{12}{24}$ 사이에 분자가 연속인 분수 $\dfrac{9}{24}$, $\dfrac{10}{24}$,

$\dfrac{11}{24}$이 있게 되므로 세 기약분수는

$\dfrac{9}{24}=\dfrac{3}{8}$, $\dfrac{10}{24}=\dfrac{5}{12}$, $\dfrac{11}{24}$입니다.

13 분수 ㉮ : $\dfrac{3\times2+1}{4\times2+3}=\dfrac{7}{11}$

분수 ㉯ : ㉠을 분모, ㉡을 분자라 하면

㉠$+$㉡$=22$, ㉠$=$㉡$\times2-5$입니다.

㉠$+$㉡$=22$ ⇨ ㉡$\times2-5+$㉡$=22$에서

㉡$=(22+5)\div3=9$, ㉠$=22-9=13$이므로

㉯$=\dfrac{9}{13}$입니다.

따라서 $\dfrac{7}{11}<\dfrac{9}{13}$이므로 분수 ㉯가 더 큽니다.

14 $\dfrac{8}{21}$과 $\dfrac{8}{11}$ 사이에 있는 분수 중 분자가 2인 분수를 먼저 찾습니다.

$\dfrac{8}{21}<\dfrac{2}{□}<\dfrac{8}{11}$ ⇨ $\dfrac{8}{21}<\dfrac{2\times4}{□\times4}<\dfrac{8}{11}$

⇨ $□=3,\ 4,\ 5$이므로 $\dfrac{8}{21}$과 $\dfrac{8}{11}$ 사이의 분수 중

분자가 2인 분수는 $\dfrac{2}{3}$, $\dfrac{2}{4}$, $\dfrac{2}{5}$입니다. 따라서 기약

분수는 $\dfrac{2}{3}$, $\dfrac{2}{5}$입니다.

15 $0.625=\dfrac{625}{1000}=\dfrac{5}{8}$이므로 $\dfrac{2}{5}$와 $\dfrac{5}{8}$를 통분하면

$\left(\dfrac{16}{40},\ \dfrac{25}{40}\right)$이고 분수의 분모와 분자에 각각 2를

곱하면 $\left(\dfrac{32}{80},\ \dfrac{50}{80}\right)$입니다. 따라서 두 수 사이의 분

수는 $\dfrac{33}{80}$, $\dfrac{34}{80}$, ……, $\dfrac{49}{80}$이고 그중 기약분수는

$\dfrac{33}{80}$, $\dfrac{37}{80}$, $\dfrac{39}{80}$, $\dfrac{41}{80}$, $\dfrac{43}{80}$, $\dfrac{47}{80}$, $\dfrac{49}{80}$로 모두 7개

입니다.

16 $\dfrac{4}{8}=0.5$, $\dfrac{5}{8}=0.625$, $\dfrac{6}{8}=0.75$, $\dfrac{7}{8}=0.875$

$\dfrac{4}{8}<0.56,\ 0.57,\ 0.65,\ 0.67,\ 0.75,\ 0.76$

$\dfrac{5}{8}<0.64,\ 0.67,\ 0.74,\ 0.76$

1 4, 84

2 $\dfrac{4}{6}$, $\dfrac{18}{27}$

3 (1) 10 (2) 10

4 ④

5 (1) $\dfrac{1}{4}$ (2) $\dfrac{6}{7}$

6 ㉡

7 $\dfrac{20}{45}$, $\dfrac{39}{45}$

8 5, 21, 84

9 (1) < (2) >

10
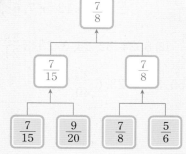

11 6조각

12 8개

13 7

14 $\dfrac{14}{84}$

15 서점

16 $\dfrac{4}{5}$

17 41

18 $\left(\dfrac{3}{11},\ \dfrac{7}{22}\right) \Rightarrow \left(\dfrac{6}{22},\ \dfrac{7}{22}\right)$ 이므로 $\dfrac{3}{11} < \dfrac{7}{22}$,
$\left(\dfrac{7}{22},\ \dfrac{5}{44}\right) \Rightarrow \left(\dfrac{14}{44},\ \dfrac{5}{44}\right)$ 이므로 $\dfrac{7}{22} > \dfrac{5}{44}$
입니다. 따라서 $\dfrac{7}{22}$은 $\dfrac{3}{11}$, $\dfrac{5}{44}$ 보다 크므로 가장 큰 분수입니다.

19 $3\dfrac{3}{4} = \dfrac{15}{4}$ 이므로 $\dfrac{\square}{7} > \dfrac{15}{4}$ 입니다. 두 분수를 통분하면 $\dfrac{\square \times 4}{7 \times 4} > \dfrac{15 \times 4}{4 \times 7} \rightarrow \square \times 4 > 15 \times 7$에서 $105 \div 4 = 26 \cdots 1$이므로 $\square = 27,\ 28,\ 29,\ 30,$ ……입니다. 따라서 가장 작은 자연수부터 3개 쓰면 27, 28, 29입니다.

20 $\dfrac{3}{5} = \dfrac{15}{25}$ 이므로 $\dfrac{7}{25} < \dfrac{\square}{25} < \dfrac{15}{25}$ 에서 $\square = 8,$ 9, 10, 11, 12, 13, 14입니다. $\dfrac{\square}{25}$가 기약분수이려면 $\square$는 5의 배수가 아니어야 하므로 10은 $\square$가 될 수 없습니다. 따라서 분모가 25인 기약분수는 $\dfrac{8}{25}$, $\dfrac{9}{25}$, $\dfrac{11}{25}$, $\dfrac{12}{25}$, $\dfrac{13}{25}$, $\dfrac{14}{25}$ 로 모두 6개입니다.

2 $\dfrac{24}{36} = \dfrac{2}{3}$ 이므로 $\dfrac{2}{3}$와 크기가 같은 분수를 찾습니다.
$\dfrac{4}{6} = \dfrac{4 \div 2}{6 \div 2} = \dfrac{2}{3}$, $\dfrac{18}{27} = \dfrac{18 \div 9}{27 \div 9} = \dfrac{2}{3}$

3 (1) $\dfrac{35 \div 5}{50 \div 5} = \dfrac{7}{10}$ (2) $\dfrac{60 \div 6}{96 \div 6} = \dfrac{10}{16}$

4 ④ $\dfrac{14 \div 7}{35 \div 7} = \dfrac{2}{5}$

5 (1) $\dfrac{12 \div 12}{48 \div 12} = \dfrac{1}{4}$ (2) $\dfrac{42 \div 7}{49 \div 7} = \dfrac{6}{7}$

6 공통분모가 될 수 있는 수는 6과 9의 공배수이므로 두 수의 최소공배수인 18의 배수입니다.

7 9와 15의 최소공배수 : 45
$\dfrac{4}{9} = \dfrac{4 \times 5}{9 \times 5} = \dfrac{20}{45}$, $\dfrac{13}{15} = \dfrac{13 \times 3}{15 \times 3} = \dfrac{39}{45}$

9 (1) $\dfrac{11}{20} = \dfrac{55}{100} = 0.55$
(2) $\dfrac{9}{25} = \dfrac{36}{100} = 0.36$

10 $\left(\dfrac{7}{15},\ \dfrac{9}{20}\right) \Rightarrow \left(\dfrac{28}{60},\ \dfrac{27}{60}\right) \Rightarrow \dfrac{7}{15} > \dfrac{9}{20}$
$\left(\dfrac{7}{8},\ \dfrac{5}{6}\right) \Rightarrow \left(\dfrac{21}{24},\ \dfrac{20}{24}\right) \Rightarrow \dfrac{7}{8} > \dfrac{5}{6}$
이때 분자가 같은 분수는 분모가 작을수록 큰 수이므로 $\dfrac{7}{15} < \dfrac{7}{8}$ 입니다.

11 $\dfrac{3}{8} = \dfrac{6}{16}$ 이므로 6조각을 먹어야 합니다.

12 $\dfrac{1}{15}$, $\dfrac{2}{15}$, $\dfrac{4}{15}$, $\dfrac{7}{15}$, $\dfrac{8}{15}$, $\dfrac{11}{15}$, $\dfrac{13}{15}$, $\dfrac{14}{15}$ 로 모두 8개입니다.

13 $\dfrac{7}{19} = \dfrac{7 + \square}{19 + 19} = \dfrac{7 + \square}{38}$ 이므로 분모와 분자에 각각 2를 곱해 주는 것과 같습니다. 따라서 $7 + \square = 14$에서 $\square = 7$입니다.

14 $\dfrac{1}{6}$과 크기가 같은 분수를 분모가 작은 것부터 늘어놓으면 $\dfrac{2}{12}$, $\dfrac{3}{18}$, $\dfrac{4}{24}$, ……입니다. 분모와 분자의 합이 7, 14, 21, 28, ……이 되므로 분모와 분자의 합이 98이 되는 분수는 $98 \div 7 = 14$(번째)입니다. 따라서 $\dfrac{1 \times 14}{6 \times 14} = \dfrac{14}{84}$ 입니다.

15 $2\dfrac{9}{20} = 2\dfrac{36}{80}$, $2\dfrac{5}{8} = 2\dfrac{50}{80}$, $2\dfrac{5}{16} = 2\dfrac{25}{80}$

$$\Rightarrow 2\frac{5}{8} > 2\frac{9}{20} > 2\frac{5}{16}$$

16 분모가 같을 때 분자가 클수록 큰 수이므로 각 수를 분모로 하는 가장 큰 진분수를 만들면 $\frac{1}{4}$, $\frac{4}{5}$, $\frac{5}{7}$, $\frac{7}{9}$ 입니다. 이 중에서 가장 큰 수는 $\frac{4}{5}$입니다.

17 분자를 72로 같게 하면 $\frac{72}{84} < \frac{72}{\square \times 2} < \frac{72}{81}$ 입니다. 이때 $81 < \square \times 2 < 84$에서 $\square \times 2$는 82 또는 83인데 $\square$가 자연수이어야 하므로 $\square \times 2$는 83이 될 수 없습니다. 따라서 $\square \times 2 = 82$이므로 $\square = 41$입니다.

5. 분수의 덧셈과 뺄셈

step 1 개념 확인하기   108~109쪽

1 4, 3, $\frac{7}{12}$ **2** 4, 3, 32, 33, 2, 17

3 (1) 10, 3, 10, 3, 7, 13, $7\frac{13}{15}$

   (2) 36, 35, 36, 35, 3, 71, 3, 8, $4\frac{8}{63}$

4 3, 2, 15, 14, $\frac{1}{18}$ **5** 12, 5, 12, 5, 7, $6\frac{7}{20}$

6 (1) 3, 9, 5, $1\frac{5}{6}$ (2) 8, 24, 32, 24, 3, 23, $3\frac{23}{24}$

   (3) 15, 32, 6, 55, 32, 6, 23, $6\frac{23}{40}$

step 2 기본 유형 익히기   110~115쪽

유형1 7, 6, 35, 6, 41

1-1 (1) $\frac{31}{35}$ (2) $\frac{17}{30}$ **1-2** <

1-3 $\frac{23}{84}$

유형2 3, 5, 5, 27, 25, 22, $1\frac{11}{15}$

2-1 2, 3, 3, 8, 15, 23, $1\frac{5}{18}$

2-2 $\frac{5}{8} + \frac{5}{6} = \frac{30}{48} + \frac{40}{48} = \frac{70}{48} = 1\frac{22}{48} = 1\frac{11}{24}$

2-3 $\frac{8}{15} + \frac{11}{18} = \frac{48}{90} + \frac{55}{90} = \frac{103}{90} = 1\frac{13}{90}$

2-4 (1) $1\frac{14}{45}$ (2) $3\frac{7}{15}$ **2-5** ㉡

2-6 $1\frac{10}{27}$ **2-7** $1\frac{13}{40}$ kg

유형3 (1) 3, 5, $3\frac{5}{12}$ (2) 7, 13, $7\frac{13}{20}$

3-1

+	$1\frac{1}{4}$	$2\frac{8}{15}$
$3\frac{5}{12}$	$4\frac{2}{3}$	$5\frac{19}{20}$

3-2 (교차 연결)

3-3 $14\frac{7}{10}$ m

유형4 11, 17, 33, 68, 101, $4\frac{5}{24}$

4-1 8, 3, 8, 5, 17, 5, 1, 7, $6\frac{7}{10}$

4-2 (1) $4\frac{9}{10} + 5\frac{7}{12} = 4\frac{54}{60} + 5\frac{35}{60}$
$$= 9\frac{89}{60} = 10\frac{29}{60}$$

(2) $6\frac{11}{12} + 9\frac{4}{9} = 6\frac{33}{36} + 9\frac{16}{36}$
$$= 15\frac{49}{36} = 16\frac{13}{36}$$

4-3    **4-4** ㉡

4-5 $4\frac{7}{12}$ **4-6** $4\frac{9}{40}$ kg

유형5 3, 2, 15, 10, 5

5-1 (1) $\frac{3}{10}$ (2) $\frac{11}{24}$ **5-2** $\frac{17}{36}$

5-3 들기름 $\frac{1}{40}$ L

유형6 8, 3, 3, 1, 8, 3, 2, 5, 2, 5

6-1 $3\frac{5}{6} - 1\frac{4}{9} = 3\frac{15}{18} - 1\frac{8}{18}$
$$= (3-1) + \left(\frac{15}{18} - \frac{8}{18}\right)$$
$$= 2 + \frac{7}{18} = 2\frac{7}{18}$$

6-2 $2\frac{7}{12} - 1\frac{5}{18} = \frac{31}{12} - \frac{23}{18}$
$$= \frac{93}{36} - \frac{46}{36} = \frac{47}{36} = 1\frac{11}{36}$$

6-3 (1) $2\frac{11}{30}$ (2) $4\frac{11}{24}$ **6-4**

6-5 $2\frac{19}{80}$ L

6-6 $8\frac{3}{4} - 5\frac{7}{10} = 8\frac{15}{20} - 5\frac{14}{20} = 3\frac{1}{20}$ 이므로 가

영이가 색종이를 $3\frac{1}{20}$ 장 더 많이 사용했습니다.

유형7 16, 21, 44, 21, 2, 23, 28

7-1 $4\frac{1}{4} - 2\frac{2}{5} = 4\frac{5}{20} - 2\frac{8}{20}$
$$= 3\frac{25}{20} - 2\frac{8}{20} = 1\frac{17}{20}$$

7-2 $5\frac{1}{6} - 2\frac{2}{3} = \frac{31}{6} - \frac{8}{3}$
$$= \frac{31}{6} - \frac{16}{6} = \frac{15}{6} = 2\frac{3}{6} = 2\frac{1}{2}$$

7-3

$10\frac{5}{6}$	$7\frac{19}{21}$
$2\frac{13}{14}$	

7-4 $\frac{31}{40}$ kg

7-5 <

7-6 $6\frac{2}{5} - 4\frac{7}{8} = 6\frac{16}{40} - 4\frac{35}{40}$
$$= 5\frac{56}{40} - 4\frac{35}{40} = 1\frac{21}{40}$$ 이므로

강아지가 고양이보다 $1\frac{21}{40}$ kg 더 무겁습니다.

유형8 7, 49, 25, $\frac{24}{35}$

8-1 (1) $\frac{23}{40}$ (2) $4\frac{7}{8}$ **8-2** [+$\frac{5}{9}$, $2\frac{25}{36}$ → $3\frac{1}{4}$]

8-3 $1\frac{7}{8}$ kg

1-2 $\frac{1}{5} + \frac{1}{4} = \frac{9}{20} = \frac{54}{120}$
◎ $\frac{5}{12} + \frac{1}{8} = \frac{13}{24} = \frac{65}{120}$

1-3 $\frac{4}{21} + \frac{1}{12} = \frac{16}{84} + \frac{7}{84} = \frac{23}{84}$

2-4 (1) $\frac{7}{9} + \frac{8}{15} = \frac{35}{45} + \frac{24}{45} = \frac{59}{45} = 1\frac{14}{45}$
(2) $\frac{5}{3} + \frac{9}{5} = \frac{25}{15} + \frac{27}{15} = \frac{52}{15} = 3\frac{7}{15}$

2-5 ㉠ $\frac{3}{5} + \frac{5}{8} = \frac{49}{40} = 1\frac{9}{40}$
㉡ $\frac{5}{6} + \frac{8}{15} = \frac{41}{30} = 1\frac{11}{30}$
㉢ $\frac{2}{3} + \frac{11}{20} = \frac{73}{60} = 1\frac{13}{60}$ 이고,
$1\frac{9}{40} = 1\frac{27}{120}$, $1\frac{11}{30} = 1\frac{44}{120}$, $1\frac{13}{60} = 1\frac{26}{120}$
이므로 ㉡이 가장 큽니다.

2-6 $\square - \frac{7}{9} = \frac{16}{27}$, $\square = \frac{7}{9} + \frac{16}{27} = \frac{37}{27} = 1\frac{10}{27}$

2-7 $\frac{5}{8} + \frac{7}{10} = \frac{25}{40} + \frac{28}{40} = \frac{53}{40} = 1\frac{13}{40}$ (kg)

3-1 $3\frac{5}{12} + 1\frac{1}{4} = 4 + \frac{8}{12} = 4\frac{8}{12} = 4\frac{2}{3}$
$3\frac{5}{12} + 2\frac{8}{15} = 5 + \frac{57}{60} = 5\frac{57}{60} = 5\frac{19}{20}$

3-2 $2\frac{3}{7} + 3\frac{1}{3} = 2\frac{9}{21} + 3\frac{7}{21} = 5\frac{16}{21}$
$1\frac{5}{8} + 3\frac{3}{10} = 1\frac{25}{40} + 3\frac{12}{40} = 4\frac{37}{40}$

3-3 $8\frac{3}{10} + 6\frac{2}{5} = (8+6) + \left(\frac{3}{10} + \frac{4}{10}\right)$

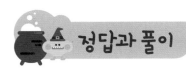
$$=14+\frac{7}{10}=14\frac{7}{10}\,(\text{m})$$

4-3 $2\frac{31}{33}+3\frac{8}{9}=2\frac{93}{99}+3\frac{88}{99}=5\frac{181}{99}=6\frac{82}{99}$

4-4 ㉠ $6\frac{1}{8}$, ㉡ $6\frac{1}{30}$ ⇨ $6\frac{1}{8}>6\frac{1}{30}$

4-5 예슬 : $1\frac{5}{6}$, 상연 : $2\frac{3}{4}$

$1\frac{5}{6}+2\frac{3}{4}=4\frac{7}{12}$

4-6 $2\frac{3}{5}+1\frac{5}{8}=4\frac{9}{40}\,(\text{kg})$

5-1 (1) $\frac{4}{5}-\frac{1}{2}=\frac{8}{10}-\frac{5}{10}=\frac{3}{10}$

(2) $\frac{5}{6}-\frac{3}{8}=\frac{20}{24}-\frac{9}{24}=\frac{11}{24}$

5-2 $\frac{11}{12}-\frac{4}{9}=\frac{33}{36}-\frac{16}{36}=\frac{17}{36}$

5-3 $\frac{13}{20}-\frac{5}{8}=\frac{26}{40}-\frac{25}{40}=\frac{1}{40}\,(\text{L})$

따라서 들기름이 $\frac{1}{40}$ L 더 많습니다.

6-3 (1) $5\frac{7}{10}-3\frac{1}{3}=5\frac{21}{30}-3\frac{10}{30}=2\frac{11}{30}$

(2) $7\frac{5}{6}-3\frac{3}{8}=7\frac{20}{24}-3\frac{9}{24}=4\frac{11}{24}$

6-4 $7\frac{4}{9}-3\frac{5}{12}=7\frac{16}{36}-3\frac{15}{36}=4\frac{1}{36}$

6-5 $4\frac{11}{16}-2\frac{9}{20}=4\frac{55}{80}-2\frac{36}{80}=2\frac{19}{80}\,(\text{L})$

7-3 $10\frac{5}{6}-7\frac{19}{21}=10\frac{35}{42}-7\frac{38}{42}=9\frac{77}{42}-7\frac{38}{42}$

$=2\frac{39}{42}=2\frac{13}{14}$

7-4 $4\frac{3}{8}-3\frac{3}{5}=4\frac{15}{40}-3\frac{24}{40}$

$=3\frac{55}{40}-3\frac{24}{40}=\frac{31}{40}\,(\text{kg})$

7-5 $9\frac{1}{8}-3\frac{3}{4}=5\frac{3}{8}=5\frac{9}{24}$, $8\frac{5}{8}-2\frac{2}{3}=5\frac{23}{24}$

⇨ $5\frac{9}{24}<5\frac{23}{24}$

8-1 (1) $1\frac{3}{8}-\frac{4}{5}=\frac{11}{8}-\frac{4}{5}=\frac{55}{40}-\frac{32}{40}=\frac{23}{40}$

(2) $5\frac{3}{4}-\frac{7}{8}=5\frac{6}{8}-\frac{7}{8}=4\frac{14}{8}-\frac{7}{8}=4\frac{7}{8}$

8-2 $\square+\frac{5}{9}=3\frac{1}{4}$ 이므로

$\square=3\frac{1}{4}-\frac{5}{9}=3\frac{9}{36}-\frac{20}{36}=2\frac{45}{36}-\frac{20}{36}$

$=2\frac{25}{36}$

8-3 $2\frac{5}{8}-\frac{3}{4}=2\frac{5}{8}-\frac{6}{8}=1\frac{13}{8}-\frac{6}{8}$

$=1\frac{7}{8}\,(\text{kg})$

step 3 기본 유형 다지기 116~121쪽

1 5, 4, 5, 4, 9

2 (1) 4, 6, 4, 18, 22, 11 (2) 2, 3, 2, 9, 11

3 (1) $\frac{29}{54}$ (2) $5\frac{5}{18}$ **4** ③, ⑤

5 ④ **6** $\frac{22}{35}$

7 $7\frac{9}{10}$

8 9, 10, 9, 10, 1, 7, $4\frac{7}{12}$

9 20, 9, 24, 29, 24, $7\frac{5}{24}$

10 ㉣, ㉠, ㉡, ㉢ **11** $12\frac{7}{60}$

12 $1\frac{27}{28}$ **13** <

14 $4\frac{11}{12}$ 시간

15

	+	
$1\frac{4}{5}$	$2\frac{1}{3}$	$4\frac{2}{15}$
$\frac{2}{7}$	$\frac{1}{6}$	$\frac{19}{42}$
$2\frac{3}{35}$	$2\frac{1}{2}$	

16 $3\frac{3}{8}$ m

17 $67\frac{13}{40}$ kg

18 $6\frac{17}{20}$ m

19 (색 테이프를 자르기 전의 길이)

= (한 도막의 길이) + (다른 한 도막의 길이)이

므로 $4\frac{3}{4}+5\frac{7}{10}=4\frac{15}{20}+5\frac{14}{20}$

$=9\frac{29}{20}=10\frac{9}{20}\,(\text{m})$입니다.

20 (1) 12, 8, 60, 56, 4, 1 (2) 3, 2, 15, 14, 1

21 5, 12, 20, 12, 20, 12, 8, $2\frac{8}{15}$

22 (1) $\dfrac{1}{12}$ (2) $\dfrac{11}{63}$ (3) $1\dfrac{3}{10}$ (4) $1\dfrac{37}{42}$

23 $\dfrac{17}{56}$　　　　**24** $\dfrac{1}{2}$

25 6

26 $\dfrac{5}{6}=\dfrac{20}{24}$, $\dfrac{7}{8}=\dfrac{21}{24}$ 이므로 $\dfrac{7}{8}>\dfrac{5}{6}$ 입니다.

따라서 $\dfrac{7}{8}-\dfrac{5}{6}=\dfrac{21}{24}-\dfrac{20}{24}=\dfrac{1}{24}$ (시간)이므

로 예슬이가 수학 공부를 $\dfrac{1}{24}$ 시간 더 했습니다.

27 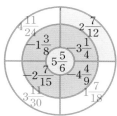　　**28**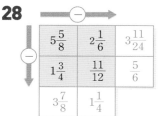

29 (1) $\dfrac{29}{36}$ (2) $\dfrac{23}{40}$　　**30** $1\dfrac{19}{40}$ km

31 $1\dfrac{21}{40}$ km　　**32** $2\dfrac{57}{80}$ L

33 예슬, $\dfrac{19}{24}$장　　**34** 2개

35 13개

36 예 자연수는 자연수끼리 더하여 2가 되고, 분수 $\dfrac{4}{5}$

는 분수 $\dfrac{1}{10}$ 이 8개, 분수 $\dfrac{1}{2}$ 은 분수 $\dfrac{1}{10}$ 이 5개이

므로 분수끼리의 합은 $\dfrac{1}{10}$ 이 13개입니다. 따라서

$\dfrac{13}{10}$ 이 되고 $\dfrac{13}{10}=1\dfrac{3}{10}$ 이므로 2와 $1\dfrac{3}{10}$ 을 더

하면 $3\dfrac{3}{10}$ 입니다.

37 $48\dfrac{15}{16}$ kg　　**38** $2\dfrac{9}{16}$ kg

39 $5\dfrac{4}{21}$, $2\dfrac{5}{12}$, $2\dfrac{65}{84}$　　**40** 동민, $\dfrac{5}{72}$

41 >　　**42** 9개

43 $4\dfrac{19}{60}$

44 합 : $11\dfrac{43}{45}$, 차 : $6\dfrac{38}{45}$

1 분모가 다른 분수의 덧셈을 할 때에는 두 분모를 통분한 후 더합니다.

2 (1) 24를 공통분모로 하여 통분하였습니다.
(2) 12를 공통분모로 하여 통분하였습니다.

3 (1) $\dfrac{7}{27}+\dfrac{5}{18}=\dfrac{14}{54}+\dfrac{15}{54}=\dfrac{29}{54}$

(2) $1\dfrac{4}{9}+3\dfrac{5}{6}=1\dfrac{8}{18}+3\dfrac{15}{18}=4\dfrac{23}{18}=5\dfrac{5}{18}$

4 8과 14의 최소공배수는 56이므로 공통분모는 56의 배수이어야 합니다.

5 ④ $\dfrac{7}{12}+\dfrac{2}{3}=\dfrac{7}{12}+\dfrac{8}{12}=\dfrac{\overset{5}{15}}{\underset{4}{12}}=\dfrac{5}{4}=1\dfrac{1}{4}$

6 (이틀 동안 읽은 동화책의 양)
= (어제 읽은 동화책의 양) + (오늘 읽은 동화책의 양)
$=\dfrac{3}{7}+\dfrac{1}{5}=\dfrac{15}{35}+\dfrac{7}{35}=\dfrac{22}{35}$

7 $4\dfrac{7}{10}+3\dfrac{1}{5}=4\dfrac{7}{10}+3\dfrac{2}{10}=7\dfrac{9}{10}$ (km)

8 분수 부분의 합이 가분수이면 대분수로 고칩니다.

10 ㉠ $5\dfrac{9}{10}$ ㉡ $5\dfrac{3}{4}$ ㉢ $5\dfrac{1}{2}$ ㉣ $5\dfrac{14}{15}$

11 □$=8\dfrac{7}{15}+3\dfrac{13}{20}=8\dfrac{28}{60}+3\dfrac{39}{60}=11\dfrac{67}{60}$
$=12\dfrac{7}{60}$ (m)

12 $\dfrac{3}{2}=1\dfrac{1}{2}<1\dfrac{3}{4}$, $\dfrac{6}{7}=\dfrac{12}{14}>\dfrac{3}{14}$ 이므로 가장 큰

분수부터 차례로 쓰면 $1\dfrac{3}{4}$, $\dfrac{3}{2}$, $\dfrac{6}{7}$, $\dfrac{3}{14}$ 입니다.

따라서 $1\dfrac{3}{4}+\dfrac{3}{14}=1\dfrac{21}{28}+\dfrac{6}{28}=1\dfrac{27}{28}$ 입니다.

13 $8\dfrac{3}{10}+5\dfrac{1}{4}=13\dfrac{11}{20}\left(=13\dfrac{99}{180}\right)$

$6\dfrac{2}{9}+7\dfrac{2}{5}=13\dfrac{28}{45}\left(=13\dfrac{112}{180}\right)$

14 $1\dfrac{2}{3}+3\dfrac{1}{4}=(1+3)+\left(\dfrac{8}{12}+\dfrac{3}{12}\right)$
$=4+\dfrac{11}{12}=4\dfrac{11}{12}$ (시간)

16 (빨간색 테이프의 길이) + (파란색 테이프의 길이)
$=1\dfrac{1}{4}+2\dfrac{1}{8}=1\dfrac{2}{8}+2\dfrac{1}{8}=3\dfrac{3}{8}$ (m)

17 (신영이의 몸무게) + (한솔이의 몸무게)
$=35\dfrac{5}{8}+31\dfrac{7}{10}=35\dfrac{25}{40}+31\dfrac{28}{40}$
$=67\dfrac{13}{40}$ (kg)

18 (직사각형의 가로와 세로의 합)

$$=1\frac{4}{5}+1\frac{5}{8}=1\frac{32}{40}+1\frac{25}{40}$$

$$=2\frac{57}{40}=3\frac{17}{40}(\text{m})$$

따라서 둘레는 $3\frac{17}{40}+3\frac{17}{40}=6\frac{34}{40}=6\frac{17}{20}(\text{m})$ 입니다.

20 (1) 공통분모가 8과 12의 곱인 96입니다.
(2) 공통분모가 8과 12의 최소공배수인 24입니다.

21 분수 부분끼리 뺄 수 없으므로 자연수에서 1을 받아내림하여 계산합니다.

22 (1) $\dfrac{1}{4}-\dfrac{1}{6}=\dfrac{3}{12}-\dfrac{2}{12}=\dfrac{1}{12}$

(2) $\dfrac{2}{7}-\dfrac{1}{9}=\dfrac{18}{63}-\dfrac{7}{63}=\dfrac{11}{63}$

(3) $3\dfrac{4}{5}-2\dfrac{1}{2}=3\dfrac{8}{10}-2\dfrac{5}{10}=1\dfrac{3}{10}$

(4) $5\dfrac{1}{14}-3\dfrac{4}{21}=5\dfrac{3}{42}-3\dfrac{8}{42}$

$$=4\frac{45}{42}-3\frac{8}{42}=1\frac{37}{42}$$

23 $\dfrac{5}{8}<\dfrac{4}{5}<\dfrac{13}{14}$ 이므로 가장 큰 분수와 가장 작은 분수의 차는 $\dfrac{13}{14}-\dfrac{5}{8}=\dfrac{52}{56}-\dfrac{35}{56}=\dfrac{17}{56}$ 입니다.

24 (어떤 수) $+\dfrac{1}{5}=\dfrac{9}{10}$,
(어떤 수) $=\dfrac{9}{10}-\dfrac{1}{5}=\dfrac{9}{10}-\dfrac{2}{10}=\dfrac{7}{10}$
따라서 바르게 계산하면
$\dfrac{7}{10}-\dfrac{1}{5}=\dfrac{7}{10}-\dfrac{2}{10}=\dfrac{5}{10}=\dfrac{1}{2}$ 입니다.

25 $\dfrac{1}{\square}=\dfrac{5}{12}-\dfrac{1}{4}=\dfrac{5}{12}-\dfrac{3}{12}=\dfrac{2}{12}=\dfrac{1}{6}$
따라서 $\square=6$입니다.

27 $5\dfrac{5}{6}-1\dfrac{3}{8}=4\dfrac{11}{24}$, $5\dfrac{5}{6}-2\dfrac{7}{15}=3\dfrac{11}{30}$,
$5\dfrac{5}{6}-4\dfrac{4}{9}=1\dfrac{7}{18}$

29 (1) $\dfrac{5}{6}-\dfrac{4}{9}+\dfrac{15}{36}=\dfrac{15}{18}-\dfrac{8}{18}+\dfrac{15}{36}$

$$=\frac{7}{18}+\frac{15}{36}=\frac{14}{36}+\frac{15}{36}=\frac{29}{36}$$

(2) $\dfrac{7}{8}+\dfrac{1}{5}-\dfrac{1}{2}=\dfrac{35}{40}+\dfrac{8}{40}-\dfrac{20}{40}=\dfrac{23}{40}$

30 (제과점에서 학교까지의 거리) $-$ (제과점에서 집까지의 거리)

$$=4\frac{7}{8}-3\frac{2}{5}=4\frac{35}{40}-3\frac{16}{40}=1\frac{19}{40}(\text{km})$$

31 (제과점을 거쳐 학교로 가는 거리) $-$ (학교로 바로 가는 거리)

$$=\left(3\frac{2}{5}+4\frac{7}{8}\right)-6\frac{3}{4}=8\frac{11}{40}-6\frac{3}{4}$$

$$=1\frac{21}{40}(\text{km})$$

32 $4\dfrac{1}{8}-\dfrac{9}{16}-\dfrac{17}{20}=4\dfrac{10}{80}-\dfrac{45}{80}-\dfrac{68}{80}$

$$=3\frac{45}{80}-\frac{68}{80}=2\frac{57}{80}(\text{L})$$

33 (예슬이가 사용한 색종이)

$$=2\frac{1}{4}+3\frac{5}{6}=6\frac{1}{12}(\text{장}),$$

(효근이가 사용한 색종이)

$$=3\frac{5}{12}+1\frac{7}{8}=5\frac{7}{24}(\text{장}),$$ 따라서 예슬이가

$6\dfrac{1}{12}-5\dfrac{7}{24}=\dfrac{19}{24}(\text{장})$ 더 많이 사용했습니다.

35 $\dfrac{4}{5}$ 는 $\dfrac{1}{10}$ 분수 막대 8개와 같고, $\dfrac{1}{2}$ 은 $\dfrac{1}{10}$ 분수 막대 5개와 같으므로 $\dfrac{1}{10}$ 분수 막대가 $8+5=13(\text{개})$가 됩니다.

37 $51\dfrac{5}{16}-2\dfrac{3}{8}=51\dfrac{5}{16}-2\dfrac{6}{16}$

$$=50\frac{21}{16}-2\frac{6}{16}=48\frac{15}{16}(\text{kg})$$

38 $51\dfrac{5}{16}-48\dfrac{3}{4}=51\dfrac{5}{16}-48\dfrac{12}{16}$

$$=50\frac{21}{16}-48\frac{12}{16}=2\frac{9}{16}(\text{kg})$$

39 $5\dfrac{4}{21}>4\dfrac{8}{15}>2\dfrac{7}{9}>2\dfrac{5}{12}$ 이므로 계산 결과가 가장 크게 되는 식은 $5\dfrac{4}{21}-2\dfrac{5}{12}$ 입니다.

$\Rightarrow 5\dfrac{4}{21}-2\dfrac{5}{12}=5\dfrac{16}{84}-2\dfrac{35}{84}$

$$=4\frac{100}{84}-2\frac{35}{84}=2+\frac{65}{84}=2\frac{65}{84}$$

40 한별이가 만든 분수는 $1\dfrac{3}{8}$, 동민이가 만든 분수는 $1\dfrac{4}{9}$ 입니다.

따라서 $1\dfrac{3}{8}<1\dfrac{4}{9}$ 이므로 동민이가 만든 분수가

$1\dfrac{4}{9}-1\dfrac{3}{8}=1\dfrac{32}{72}-1\dfrac{27}{72}=\dfrac{5}{72}$ 만큼 더 큽니다.

41 $5\frac{3}{10}+\frac{7}{8}=5\frac{12}{40}+\frac{35}{40}=5\frac{47}{40}=6\frac{7}{40}$

$6\frac{3}{4}-\frac{4}{5}=6\frac{15}{20}-\frac{16}{20}=5\frac{19}{20}$

42 $5\frac{7}{16}+4\frac{11}{18}=5\frac{63}{144}+4\frac{88}{144}$

$=9\frac{151}{144}=10\frac{7}{144}$

⇨ 1보다 크고 $10\frac{7}{144}$ 보다 작은 자연수 : 2, 3, 4,
5, 6, 7, 8, 9, 10

43 $\frac{1}{6}+\square=1\frac{1}{15}$

⇨ $\square=1\frac{1}{15}-\frac{1}{6}=1\frac{2}{30}-\frac{5}{30}=\frac{27}{30}=\frac{9}{10}$

$3\frac{5}{12}+\frac{9}{10}=3\frac{25}{60}+\frac{54}{60}=3\frac{79}{60}=4\frac{19}{60}$

44 가장 큰 대분수는 $9\frac{2}{5}$, 가장 작은 대분수는 $2\frac{5}{9}$입
니다.

$9\frac{2}{5}+2\frac{5}{9}=9\frac{18}{45}+2\frac{25}{45}=11\frac{43}{45}$

$9\frac{2}{5}-2\frac{5}{9}=9\frac{18}{45}-2\frac{25}{45}=6\frac{38}{45}$

step 4 응용실력기르기 122~125쪽

1 $\frac{9}{40}$　　　　**2** 사자 마을, $\frac{21}{40}$ m

3 $3\frac{11}{15}$　　　　**4** 동생, $\frac{17}{120}$장

5 $\frac{1}{5}$ m　　　　**6** 4시간 9분

7 9개　　　　**8** $5\frac{19}{20}$ cm

9 $\frac{11}{9}$, $\frac{7}{8}$, $\frac{5}{12}$ (또는 $\frac{7}{8}$, $\frac{11}{9}$, $\frac{5}{12}$) / $1\frac{49}{72}$

10 $4\frac{1}{16}$ kg　　　　**11** $1\frac{3}{8}$ m

12 가 : $1\frac{1}{2}$ L, 나 : $1\frac{2}{5}$ L, 다 : $2\frac{7}{8}$ L

13 7개　　　　**14** $7\frac{9}{20}$ kg

15 $\frac{1}{3}$, $\frac{5}{21}$　　　　**16** 45, 5

1 꽃밭 전체를 1이라고 하면 장미와 맨드라미를 심고
남은 부분은 꽃밭 전체의 $1-\frac{2}{5}-\frac{3}{8}=\frac{9}{40}$입니다.

2 (동물원 입구 ~ 사자 마을 ~ 물개 공연장)
$=18\frac{5}{8}+7\frac{4}{10}=26\frac{1}{40}$(m)
(동물원 입구 ~ 코끼리 마을 ~ 물개 공연장)
$=10\frac{3}{4}+15\frac{4}{5}=26\frac{11}{20}$(m)
$26\frac{1}{40}<26\frac{11}{20}$ 이므로 사자 마을을 거쳐 가는 것이
$26\frac{11}{20}-26\frac{1}{40}=\frac{21}{40}$(m)더 가깝습니다.

3 (어떤 수)$+4\frac{3}{5}-2\frac{7}{15}=8$에서
(어떤 수)$=8+2\frac{7}{15}-4\frac{9}{15}=5\frac{13}{15}$입니다.
따라서 바르게 계산하면
$5\frac{13}{15}-4\frac{3}{5}+2\frac{7}{15}=3\frac{11}{15}$입니다.

4 (가영)$=3\frac{2}{3}+4\frac{1}{6}=3\frac{4}{6}+4\frac{1}{6}=7\frac{5}{6}$(장)
(동생)$=2\frac{3}{5}+5\frac{3}{8}=2\frac{24}{40}+5\frac{15}{40}=7\frac{39}{40}$(장)
$7\frac{5}{6}<7\frac{39}{40}$이므로 동생이
$7\frac{39}{40}-7\frac{5}{6}=7\frac{117}{120}-7\frac{100}{120}=\frac{17}{120}$(장) 더 많
이 사용했습니다.

5 (ⓝ~ⓓ)$=$(㉮~ⓓ)$+$(ⓝ~ⓐ)$-$(㉮~ⓐ)
(ⓝ~ⓓ)$=\frac{3}{4}+\frac{17}{20}-1\frac{2}{5}$
$=1\frac{3}{5}-1\frac{2}{5}=\frac{1}{5}$(m)

6 45분$=\frac{45}{60}$시간$=\frac{3}{4}$시간
$2\frac{1}{40}+1\frac{3}{8}+\frac{3}{4}=\left(2\frac{1}{40}+1\frac{15}{40}\right)+\frac{3}{4}$
$=3\frac{8}{20}+\frac{15}{20}=4\frac{3}{20}$(시간)
$\frac{3}{20}=\frac{9}{60}$이므로 $4\frac{3}{20}$시간은 4시간 9분입니다.

7 $\frac{1}{3}+\frac{4}{9}=\frac{7}{9}$이므로 $\frac{7}{9}>\frac{\blacksquare}{12}$를 만족하는 ■를 찾
습니다. 분모 9와 12를 통분하여 나타내면
$\frac{28}{36}>\frac{\blacksquare\times3}{36}$이므로 $28>\blacksquare\times3$을 만족하는 ■는
1, 2, 3, …, 9입니다.
따라서 ■가 될 수 있는 자연수는 모두 9개입니다.

8 빨간색 선의 길이는 직사각형
의 가로와 세로의 길이의 합과
같습니다.

정답과 풀이 • **37**

$$2\frac{1}{5}+3\frac{3}{4}=5\frac{19}{20}\,(\text{cm})$$

9 가장 작은 수 $\frac{5}{12}$ 를 빼면 됩니다.

$$\frac{11}{9}+\frac{7}{8}-\frac{5}{12}=\left(\frac{88}{72}+\frac{63}{72}\right)-\frac{5}{12}$$

$$=\frac{151}{72}-\frac{5}{12}=\frac{151}{72}-\frac{30}{72}=\frac{121}{72}=1\frac{49}{72}$$

10 가영 : $32\frac{3}{4}-2\frac{7}{16}=30\frac{5}{16}\,(\text{kg})$,

석기 : $32\frac{3}{4}+1\frac{5}{8}=34\frac{3}{8}\,(\text{kg})$

$\Rightarrow 34\frac{3}{8}-30\frac{5}{16}=4\frac{1}{16}\,(\text{kg})$

별해

신영: $32\frac{3}{4}$ kg

가영: $2\frac{7}{16}$ kg

석기: $1\frac{5}{8}$ kg

석기는 가영이보다 $2\frac{7}{16}+1\frac{5}{8}=4\frac{1}{16}\,(\text{kg})$
더 무겁습니다.

11 (막대 3개의 길이의 합)

$$=\frac{5}{8}+\frac{5}{8}+\frac{5}{8}=\frac{15}{8}=1\frac{7}{8}\,(\text{m})$$

(겹친 부분의 길이의 합)

$$=\frac{1}{4}+\frac{1}{4}=\frac{2}{4}=\frac{1}{2}\,(\text{m})$$

따라서 이은 막대 전체의 길이는

$1\frac{7}{8}-\frac{1}{2}=1\frac{3}{8}\,(\text{m})$ 입니다.

12 가 : $5\frac{31}{40}-4\frac{11}{40}=1\frac{1}{2}\,(\text{L})$

다 : $5\frac{31}{40}-2\frac{9}{10}=2\frac{7}{8}\,(\text{L})$

가+나 $=2\frac{9}{10}$ 이므로

나 $=2\frac{9}{10}-1\frac{1}{2}=1\frac{2}{5}\,(\text{L})$

13 $\frac{4}{5}-\frac{1}{2}=\frac{8}{10}-\frac{5}{10}=\frac{3}{10}\Rightarrow\frac{18}{60}$

$\frac{1}{6}+\frac{4}{15}=\frac{5}{30}+\frac{8}{30}=\frac{13}{30}\Rightarrow\frac{26}{60}$

따라서 □ 안에 들어갈 수 있는 자연수는 19, 20,
21, 22, 23, 24, 25로 모두 7개입니다.

14 (귤 50개의 무게)$=\frac{50}{8}=\frac{25}{4}=6\frac{1}{4}\,(\text{kg})$,

(배 3개의 무게)$=\frac{2}{5}+\frac{2}{5}+\frac{2}{5}=1\frac{1}{5}\,(\text{kg})$

이므로 모두 $6\frac{1}{4}+1\frac{1}{5}=7\frac{9}{20}\,(\text{kg})$입니다.

15 거꾸로 계산합니다.

$$1\frac{1}{14}-\frac{5}{6}=1\frac{3}{42}-\frac{35}{42}=\frac{10}{42}=\frac{5}{21}$$

$$\frac{4}{7}-\square=\frac{5}{21}$$

$$\Rightarrow \square=\frac{4}{7}-\frac{5}{21}=\frac{12}{21}-\frac{5}{21}=\frac{7}{21}=\frac{1}{3}$$

16 $\frac{2}{9}$ 에서 $1+9=10$이므로

$$\frac{2}{9}=\frac{10}{45}=\frac{1}{45}+\frac{9}{45}=\frac{1}{45}+\frac{1}{5}$$ 입니다.

step 5 응용실력 높이기 126~129쪽

1 $\frac{1}{10}$ 　　**2** $5\frac{19}{90}$

3 3 　　**4** $1\frac{5}{32}$ kg

5 오후 1시 50분 　　**6** (1) $2\frac{1}{4}$ m (2) $1\frac{9}{10}$ m

7 10일 　　**8** 800분

9 $\frac{1}{273}$ 　　**10** 1, 2, 3, 4, 5

11 $\frac{2}{5}$ m 　　**12** $1\frac{1}{40}$ L

13 $\frac{8}{15}$ 　　**14** $\frac{11}{60}$

15 900 g 　　**16** 24개

---

1 셋째 날 읽은 양 : □, $\frac{2}{5}+\frac{4}{9}+\square=\frac{17}{18}$

$\Rightarrow \frac{38}{45}+\square=\frac{17}{18}\Rightarrow\square=\frac{17}{18}-\frac{38}{45}=\frac{1}{10}$

2 더하는 수는 크게, 빼는 수는 작게 만들면 상연이는
$7\frac{3}{5}$, 동민이는 $4\frac{1}{2}$, 규형이는 $6\frac{8}{9}$ 입니다.

따라서 $7\frac{3}{5}+4\frac{1}{2}-6\frac{8}{9}=12\frac{1}{10}-6\frac{8}{9}=5\frac{19}{90}$
입니다.

3 $4\frac{6}{7}-3\frac{\square}{4}=4\frac{24}{28}-3\frac{\square\times7}{28}$

$=(4-3)+\left(\frac{24}{28}-\frac{\square\times7}{28}\right)>1$이므로 받아내림
이 없어야 합니다.

따라서 □×7<24이므로 □ 안에 들어갈 수 있는 자연수 중 가장 큰 수는 3입니다.

4 $4\frac{5}{8}=2\frac{5}{16}+2\frac{5}{16}$이므로 수제비를 만들고 남은 밀가루는 $2\frac{5}{16}$ kg이고 $2\frac{5}{16}=1\frac{5}{32}+1\frac{5}{32}$이므로 빵을 만들고 남은 밀가루는 $1\frac{5}{32}$ kg입니다.

5 15분은 $\frac{15}{60}=\frac{1}{4}$시간입니다.

$\frac{1}{4}+1\frac{5}{12}+\frac{1}{3}+1\frac{5}{6}$

$=\frac{3}{12}+1\frac{5}{12}+\frac{4}{12}+1\frac{10}{12}$

$=2\frac{22}{12}=3\frac{10}{12}=3\frac{5}{6}$(시간)이므로 오전 10시부터 3시간 50분 뒤인 오후 1시 50분입니다.

6 ⑵ $6\frac{2}{5}-2\frac{1}{4}-2\frac{1}{4}=6\frac{8}{20}-2\frac{5}{20}-2\frac{5}{20}$

$=5\frac{28}{20}-2\frac{5}{20}-2\frac{5}{20}$

$=1\frac{18}{20}=1\frac{9}{10}$(m)

7 전체 일의 양을 1이라고 하면 하루에 하는 일은 가영이는 $\frac{1}{30}$, 동민이는 $\frac{1}{24}$, 석기는 $\frac{1}{40}$입니다.
따라서 세 사람이 하루에 하는 일의 양은

$\frac{1}{30}+\frac{1}{24}+\frac{1}{40}=\frac{4}{120}+\frac{5}{120}+\frac{3}{120}$

$=\frac{12}{120}=\frac{1}{10}$이므로 전체 일을 끝내려면 10일 걸립니다.

8 물은 1분에 $1\frac{1}{4}-\frac{5}{8}=1\frac{2}{8}-\frac{5}{8}=\frac{5}{8}$(L)씩 채워집니다.

$5\,\mathrm{L}=\frac{40}{8}\,\mathrm{L}$

$=\frac{5}{8}+\frac{5}{8}+\frac{5}{8}+\frac{5}{8}+\frac{5}{8}+\frac{5}{8}+\frac{5}{8}+\frac{5}{8}$

이므로 5 L를 가득 채우는 데 8분 걸립니다. 따라서 500 L를 채우려면 800분이 걸립니다.

9 앞에 있는 분수의 분모가 그 다음 분수의 분자가 되고, 앞에 있는 분수의 분모, 분자의 합이 그 다음 분수의 분모가 되는 규칙입니다.
따라서 6번째 분수는 $\frac{8}{13}$, 7번째 분수는 $\frac{13}{21}$이므로 두 분수의 차는 $\frac{13}{21}-\frac{8}{13}=\frac{1}{273}$입니다.

10 $\frac{3}{8}+\frac{\square}{10}=\frac{15}{40}+\frac{\square\times4}{40}=\frac{15+\square\times4}{40}$이고

$\frac{19}{20}=\frac{38}{40}$이므로

$\frac{15+\square\times4}{40}<\frac{38}{40}\rightarrow15+\square\times4<38$

$\rightarrow\square\times4<23$입니다.
따라서 □ 안에 들어갈 수 있는 자연수는 1, 2, 3, 4, 5입니다.

11 겹치지 않게 놓은 전체 길이는

$3\frac{1}{8}+3\frac{1}{8}+3\frac{1}{8}=9\frac{3}{8}$(m)이므로 겹치게 놓은

부분의 길이의 합은 $9\frac{3}{8}-8\frac{23}{40}=\frac{4}{5}$(m)입니다.

겹치게 놓은 부분은 두 군데이므로 $\frac{4}{5}=\frac{2}{5}+\frac{2}{5}$에

서 겹친 한 부분은 $\frac{2}{5}$ m입니다.

12 (지금 물통에 들어 있는 물)

$=1\frac{1}{8}-\frac{3}{4}+1\frac{3}{5}$

$=1\frac{5}{40}-\frac{30}{40}+1\frac{24}{40}=1\frac{39}{40}$(L)

따라서 더 부어야 할 물은

$3-1\frac{39}{40}=2\frac{40}{40}-1\frac{39}{40}=1\frac{1}{40}$(L)입니다.

13

1	㉠	①
②	$\frac{2}{3}$	③
④	$\frac{4}{5}$	⑤

· $1+㉠+①=㉠+\frac{2}{3}+\frac{4}{5}$이므로

$①=\frac{2}{3}+\frac{4}{5}-1=\frac{7}{15}$입니다.

· $①+\frac{2}{3}+④=④+\frac{4}{5}+⑤$이므로

$⑤=\frac{7}{15}+\frac{2}{3}-\frac{4}{5}=\frac{1}{3}$입니다.

· $1+\frac{2}{3}+⑤=1+\frac{2}{3}+\frac{1}{3}=2$이므로

$㉠=2-\frac{2}{3}-\frac{4}{5}=\frac{8}{15}$입니다.

14 ㉮ 수도관으로 1분 동안 물통 들이의 $\frac{1}{12}$을, ㉯ 수도관으로 1분 동안 물통 들이의 $\frac{1}{15}$을 채웁니다.

따라서 ㉮ 수도관으로 5분 동안 물통 들이의 $\frac{5}{12}$를,

㉯ 수도관으로 6분 동안 물통 들이의 $\frac{6}{15}=\frac{2}{5}$를 채 채우므로 채운 물은 물통 들이의 $\frac{5}{12}+\frac{2}{5}=\frac{49}{60}$입니다.

따라서 $1-\frac{49}{60}=\frac{11}{60}$만큼 더 넣어야 합니다.

15 가영이가 한초와 규형이에게 나누어 준 찰흙은 처음 가지고 있던 찰흙의 $\frac{7}{9}+\frac{1}{5}=\frac{44}{45}$이므로 남은 양은 처음 가지고 있던 찰흙의 $\frac{1}{45}$입니다. 남은 찰흙인 $\frac{1}{45}$이 20 g이므로 가영이가 한초와 규형이에게 나누어 주기 전에 가지고 있던 찰흙은 $20 \times 45=900(g)$입니다.

16 전체 구슬 수를 1이라 하면

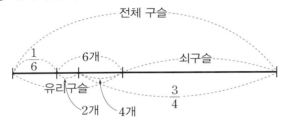

전체 구슬의 $1-\frac{1}{6}-\frac{3}{4}$은 $6-4=2($개$)$입니다.

전체 구슬의 $1-\frac{1}{6}-\frac{3}{4}=\frac{1}{12}$이 2개이므로 상자 안에 들어 있는 구슬은 모두 $2 \times 12=24($개$)$입니다.

단원평가 130~132쪽

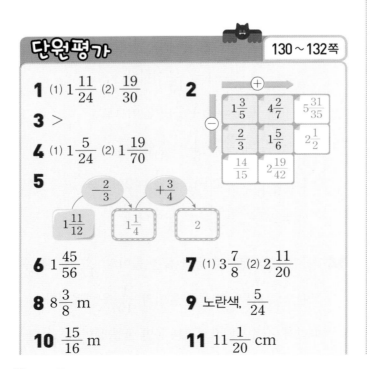

1 (1) $1\frac{11}{24}$ (2) $\frac{19}{30}$

2 [위에서부터] $5\frac{31}{35}$, $2\frac{1}{2}$, $\frac{14}{15}$, $2\frac{19}{42}$

3 >

4 (1) $1\frac{5}{24}$ (2) $1\frac{19}{70}$

5 $1\frac{11}{12}$, $1\frac{1}{4}$, 2

6 $1\frac{45}{56}$

7 (1) $3\frac{7}{8}$ (2) $2\frac{11}{20}$

8 $8\frac{3}{8}$ m

9 노란색, $\frac{5}{24}$

10 $\frac{15}{16}$ m

11 $11\frac{1}{20}$ cm

12 $\frac{2}{3}$, $\frac{4}{9}$, $\frac{5}{12}$, $\frac{25}{36}$

13 $1\frac{1}{12}$

14 경찰서, $\frac{7}{40}$ km

15 $6\frac{11}{20}$ L

16 $2\frac{11}{20}$ m

17 $\frac{1}{4}$ L

18 4, 6, 18의 최소공배수는 36이므로

$\frac{\square \times 2}{36} < \frac{27}{36}+\frac{6}{36}$에서 $\square \times 2 < 27+6$입니다.

$\square \times 2 < 33$에서 $\square = 1, 2, 3, \cdots\cdots, 16$이므로 $\square$ 안에 들어갈 수 있는 가장 큰 자연수는 16입니다.

19 겹치지 않고 이었을 때의 전체 길이와 겹치게 이은 전체 길이의 차가 겹쳐진 부분의 길이의 합이 됩니다. 따라서 겹쳐진 부분의 길이의 합은

$\left(1\frac{7}{16}+1\frac{7}{16}+1\frac{7}{16}\right)-3\frac{5}{8}$
$=3\frac{21}{16}-3\frac{10}{16}=\frac{11}{16}(m)$입니다.

20 30분$=\frac{1}{2}$ 시간이므로 합창 연습을 마치는 데까지

$1\frac{1}{3}+\frac{1}{2}+1\frac{5}{12}=3\frac{1}{4}($시간$)$이 걸렸습니다.

$3\frac{1}{4}$ 시간$=3$시간 15분이므로 합창 연습이 끝난 시각은 오전 10시$+3$시간 15분$=$오후 1시 15분 입니다.

1 (1) $\frac{5}{8}+\frac{5}{6}=\frac{15}{24}+\frac{20}{24}=\frac{35}{24}=1\frac{11}{24}$

(2) $\frac{9}{10}-\frac{4}{15}=\frac{27}{30}-\frac{8}{30}=\frac{19}{30}$

3 $2\frac{3}{5}+3\frac{7}{8}=2\frac{24}{40}+3\frac{35}{40}=5\frac{59}{40}=6\frac{19}{40}$

$7\frac{3}{8}-1\frac{1}{2}=6\frac{11}{8}-1\frac{4}{8}=5\frac{7}{8}$

$\Rightarrow 6\frac{19}{40} > 5\frac{7}{8}$

4 (1) $\left(\frac{7}{8}-\frac{5}{12}\right)+\frac{3}{4}=\frac{11}{24}+\frac{18}{24}=1\frac{5}{24}$

(2) $\left(2\frac{3}{7}+\frac{9}{14}\right)-1\frac{4}{5}=2\frac{15}{14}-1\frac{4}{5}$
$=2\frac{75}{70}-1\frac{56}{70}=1\frac{19}{70}$

5 $1\frac{11}{12}-\frac{2}{3}=1\frac{11}{12}-\frac{8}{12}=1\frac{3}{12}=1\frac{1}{4}$

$1\frac{1}{4}+\frac{3}{4}=1+\frac{4}{4}=2$

6 ㉠ $\frac{1}{4}$, ㉡ $1\frac{31}{56}$

$$\Rightarrow \bigcirc + \bigcirc = \frac{1}{4} + 1\frac{31}{56} = \frac{14}{56} + 1\frac{31}{56} = 1\frac{45}{56}$$

7 (1) $\square = 1\frac{3}{8} + 2\frac{1}{2} = 1\frac{3}{8} + 2\frac{4}{8} = 3\frac{7}{8}$

(2) $\square = 11\frac{3}{4} - 9\frac{1}{5} = 11\frac{15}{20} - 9\frac{4}{20} = 2\frac{11}{20}$

8 $5\frac{5}{8} + 2\frac{3}{4} = 5\frac{5}{8} + 2\frac{6}{8} = 7\frac{11}{8} = 8\frac{3}{8}$ (m)

9 $\frac{7}{12} = \frac{14}{24}$, $\frac{3}{8} = \frac{9}{24}$ 이므로 $\frac{7}{12} > \frac{3}{8}$ 입니다.

따라서 노란색을 칠한 부분이 전체의

$\frac{7}{12} - \frac{3}{8} = \frac{14}{24} - \frac{9}{24} = \frac{5}{24}$ 만큼 더 넓습니다.

10 $69\frac{1}{4} - 68\frac{5}{16} = 69\frac{4}{16} - 68\frac{5}{16}$

$$= 68\frac{20}{16} - 68\frac{5}{16} = \frac{15}{16} \text{(m)}$$

11 $3\frac{2}{5} + 2\frac{9}{10} + 4\frac{3}{4} = 11\frac{1}{20}$ (cm)

12 가장 큰 수와 그 다음으로 큰 수의 합에서 가장 작은 수를 뺍니다.

$\frac{2}{3} > \frac{4}{9} > \frac{5}{12}$ 이므로 $\frac{2}{3} + \frac{4}{9} - \frac{5}{12} = \frac{25}{36}$

또는 $\frac{4}{9} + \frac{2}{3} - \frac{5}{12} = \frac{25}{36}$ 입니다.

13 $\frac{1}{2} + \frac{3}{4} = 1\frac{1}{4}$ 이고 $1\frac{1}{4} + ($ 어떤 수 $) = 2\frac{1}{3}$ 이므로

(어떤 수) $= 2\frac{1}{3} - 1\frac{1}{4} = 2\frac{4}{12} - 1\frac{3}{12} = 1\frac{1}{12}$ 입니다.

14 (집~소방서~학교) $= 1\frac{1}{2} + \frac{5}{8} = 2\frac{1}{8}$ (km)

(집~경찰서~학교) $= \frac{3}{4} + 1\frac{1}{5} = 1\frac{19}{20}$ (km)

$2\frac{1}{8} - 1\frac{19}{20} = 2\frac{5}{40} - 1\frac{38}{40} = 1\frac{45}{40} - 1\frac{38}{40}$

$$= \frac{7}{40} \text{(km)}$$

15 $5\frac{4}{5} - \frac{1}{2} + 1\frac{1}{4} = \left(5\frac{8}{10} - \frac{5}{10}\right) + 1\frac{1}{4}$

$$= 5\frac{3}{10} + 1\frac{1}{4} = 5\frac{6}{20} + 1\frac{5}{20}$$

$$= 6\frac{11}{20} \text{(L)}$$

16 $8\frac{1}{4} + 6\frac{4}{5} - 12\frac{1}{2} = \left(8\frac{5}{20} + 6\frac{16}{20}\right) - 12\frac{1}{2}$

$$= 14\frac{21}{20} - 12\frac{1}{2}$$

$$= 14\frac{21}{20} - 12\frac{10}{20}$$

$$= 2\frac{11}{20} \text{(m)}$$

17 $3 - 1\frac{1}{2} - 1\frac{1}{4} = \left(2\frac{2}{2} - 1\frac{1}{2}\right) - 1\frac{1}{4}$

$$= 1\frac{1}{2} - 1\frac{1}{4}$$

$$= 1\frac{2}{4} - 1\frac{1}{4} = \frac{1}{4} \text{(L)}$$

6. 다각형의 둘레와 넓이

134~135쪽

step 1 개념 확인하기

1 (1) 30 cm (2) 48 cm **2** 36 cm

3 8 cm **4** 8, 5, 26

5 40 cm **6** 세로, 6, 60

7 한 변의 길이, 7, 49 **8** (1) 60 cm^2 (2) 81 cm^2

9 (1) 20000 (2) 0.8 (1) 3000000 (2) 0.7

5 $10 \times 4 = 40$(cm)

step 2 기본 유형 익히기

136~139쪽

유형1 한 변의 길이, 변의 수

1-1 (1) 35 cm (2) 64 cm

1-2 (1) 11 (2) 7 (3) 9 (4) 9

1-3 (1) 21 cm (2) 25 cm (3) 27 cm

1-4 (1) 12 (2) 10

1-5
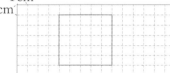

유형2 (1) 가로 : 5 cm, 세로 : 2 cm (2) 14 cm

2-1 3, 2, 18 **2-2** 50 cm

2-3 56 cm **2-4** 36 cm

2-5 40 cm **2-6** 44 cm

2-7 8 **2-8** 7

유형3 1 cm^2, 1 제곱센티미터

3-1 © **3-2** 8 cm^2

3-3 가 : 12 cm^2, 나 : 11 cm^2

3-4 (1) 12개 (2) 12 cm^2 **3-5** 192 cm^2

3-6 121 cm^2

3-7 (1) 468 cm^2 (2) 1600 cm^2

유형4 1 m^2, 1 제곱미터, 1 km^2, 1 제곱킬로미터

4-1 1 m^{2}에 ○표

4-2 (1) 100, 100, 10000 (2) 1000, 1000, 1000000

4-3 (1) 3 (2) 50000 (3) 2000000 (4) 3.5

4-4 (1) m^2 (2) km^2 (3) m^2 (4) km^2

4-5 (1) 21 (2) 20 **4-6** 54 km^2

4-7 (1) km^2 (2) m^2

1-1 (1) $7 \times 5 = 35$(cm) (2) $8 \times 8 = 64$(cm)

1-2 (1) $33 \div 3 = 11$(cm) (2) $28 \div 4 = 7$(cm)
   (3) $45 \div 5 = 9$(cm) (4) $54 \div 6 = 9$(cm)

1-4 (1) $60 \div 5 = 12$(cm) (2) $60 \div 6 = 10$(cm)

유형2 (2) $(5+2) \times 2 = 7 \times 2 = 14$(cm)

2-1 (직사각형의 둘레) = {(가로) + (세로)} × 2

2-2 $(20+5) \times 2 = 25 \times 2 = 50$(cm)

2-3 $14 \times 4 = 56$(cm)

2-4 (정사각형의 둘레)
   = (한 변) × 4 = $9 \times 4 = 36$(cm)

2-5 $(12+8) \times 2 = 40$(cm)

2-6 $11 \times 4 = 44$(cm)

2-7 (가로 + 세로) = $24 \div 2 = 12$(cm)이므로
   □ = $12 - 4 = 8$(cm)입니다.

2-8 $20 \div 2 = 10$이므로 □ = $10 - 3 = 7$(cm)입니다.

3-1 모눈 한 칸을 단위넓이로 할 때, 가는 단위넓이의 4
   배, ㉠은 5배, ㉡은 3배, ㉢은 4배, ㉣은 6배입니
   다. 따라서 가와 넓이가 같은 도형은 ㉢입니다.

3-2 단위넓이의 8배이므로 8 cm^{2}입니다.

3-3 가는 단위넓이가 1 cm^{2}인 정사각형이 12개이므로
   넓이는 12 cm^{2}이고 나는 단위넓이가 1 cm^{2}인 정
   사각형이 11개이므로 넓이는 11 cm^{2}입니다.

3-5 $16 \times 12 = 192$(cm^2)

3-6 $11 \times 11 = 121$(cm^2)

3-7 (1) (공책의 넓이) = $18 \times 26 = 468$(cm^2)
   (2) (액자의 넓이) = $40 \times 40 = 1600$(cm^2)

4-6 9000 m = 9 km이므로 $6 \times 9 = 54$(km^2)입니다.

step 3 기본 유형 다지기

140~143쪽

1 (1) 24 cm (2) 18 cm **2** 나

3 8 cm

4 정사각형의 둘레는 (한 변)×4입니다. 색종이의 한 변을 □ cm라 하면 □×4=84이므로 □=84÷4=21(cm)입니다.

5 36 cm **6** 80 cm

7 10 cm **8** 28 cm

9 4 **10** 12

11 9

12
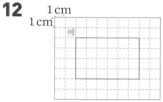

13 가: 9 cm², 나: 8 cm², 다: 10 cm²

14 다, 가, 나 **15** 나, 마

16 다, 가 **17** 9 cm²

18
1 cm
1 cm

19 180 cm² **20** ㉢

21 나, 9 cm² **22** 13 cm

23 64 cm² **24** 336 cm²

25 336 cm² **26** 8 cm

27 625 cm² **28** 5400 cm²

29
1 cm
1 cm

30 (1) 60000 (2) 4 (3) 3 (4) 7000000

31 32 km² **32** 80 m²

2 (가의 둘레)=(6+3)×2=18(cm),
(나의 둘레)=(5+8)×2=26(cm)
18<26이므로 나의 둘레가 더 깁니다.

3 세로를 □ cm라 하면 (6+□)×2=28,
6+□=14, □=8(cm)입니다.

5 도형의 둘레는 가로가 10 cm, 세로가 8 cm인 직사각형의 둘레와 같습니다.
➡ (10+8)×2=36(cm)

6 둘레가 32 cm인 정사각형의 한 변은
32÷4=8(cm)입니다.
따라서 직사각형의 둘레는 8×10=80(cm)입니다.

7 (3+2)×2=10(cm)

8 7×4=28(cm)

9 30÷2=15, 15−11=4(cm)입니다.

10 34÷2=17, 17−5=12(cm)입니다.

11 36÷4=9(cm)입니다.

13 가: 1 cm²인 정사각형 9개,
나: 1 cm²인 정사각형 8개,
다: 1 cm²인 정사각형 10개

17 주어진 도형은 작은 정사각형이 9개이므로 도형의 넓이는 9 cm²입니다.

18 작은 정사각형 10개로 이루어진 서로 다른 모양의 도형을 그려 봅니다. 넓이가 같더라도 모양은 다를 수 있습니다.

19 (직사각형의 세로)
=58÷2−20=29−20=9(cm)
(직사각형의 넓이)=20×9=180(cm²)

20 ㉠ 50×12=600(cm²)
㉡ 35×20=700(cm²)
㉢ 30×30=900(cm²)

21 (가의 넓이)=11×5=55(cm²)
(나의 넓이)=8×8=64(cm²)
55<64이므로 나의 넓이가 가의 넓이보다
64−55=9(cm²) 더 넓습니다.

22 (직사각형의 넓이)=(가로)×(세로)
세로를 □ cm라 하면 7×□=91이므로
□=91÷7=13(cm)입니다.

23 정사각형의 한 변을 □ cm라고 하면
□×4=32, □=32÷4=8(cm)입니다.
따라서 이 정사각형의 넓이는 8×8=64(cm²)입니다.

24 파란색 색종이는 한 변이 20−8=12(cm)이고,
빨간색 색종이는 가로가 36−12=24(cm)이고
세로가 20 cm입니다. 따라서 빨간색 색종이가
24×20−12×12=480−144=336(cm²) 더 넓습니다.

25 (직사각형의 가로)=(80÷2)−12=28(cm)
따라서 넓이는 28×12=336(cm²)입니다.

26 (㉮의 넓이)$=12 \times 12 = 144(\text{cm}^2)$
(㉯의 세로)$=144 \div 18 = 8(\text{cm})$

27 $1\,\text{m}=100\,\text{cm}$이므로
(도화지의 한 변)$=100 \div 4 = 25(\text{cm})$입니다.
따라서 도화지의 넓이는 $25 \times 25 = 625(\text{cm}^2)$입니다.

28 $1.2\,\text{m}=120\,\text{cm}$
(책상의 넓이)$=120 \times 45 = 5400(\text{cm}^2)$

29 (둘레)$=\{(\text{가로})+(\text{세로})\} \times 2 = 22(\text{cm})$
$\Rightarrow$ (가로)$+$(세로)$=11(\text{cm})$
(넓이)$=$(가로)$\times$(세로)$=30(\text{cm}^2)$
합이 11이고, 곱이 30인 두 수를 찾으면 5와 6이므로 가로가 5 cm, 세로가 6 cm이거나 가로가 6 cm, 세로가 5 cm인 직사각형을 그립니다.

31 $4000\,\text{m}=4\,\text{km}$이므로 $8 \times 4 = 32(\text{km}^2)$입니다.

32 (가로)$+$(세로)$=36 \div 2 = 18(\text{m})$,
(가로)$=$(세로)$+2$이므로
(세로)$+2+$(세로)$=18$,
(세로)$+$(세로)$=18-2=16$에서
세로는 $16 \div 2 = 8(\text{m})$, 가로는 10 m입니다.
따라서 밭의 넓이는 $10 \times 8 = 80(\text{m}^2)$입니다.

---

step 1 개념 확인하기 144~145쪽

1
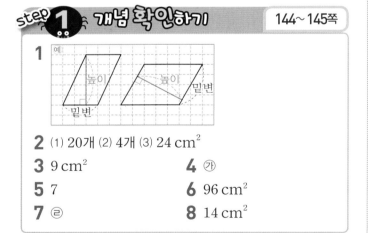

2 (1) 20개 (2) 4개 (3) 24 cm²
3 9 cm²
4 ㉮
5 7
6 96 cm²
7 ㉣
8 14 cm²

2 (3) ◸ 모양의 넓이는 ▢ 모양의 넓이와 같습니다.
$\Rightarrow 20+4=24(\text{cm}^2)$

3 (넓이)$=$(밑변)$\times$(높이)$\div 2$
$=6 \times 3 \div 2 = 9(\text{cm}^2)$

4 두 삼각형의 높이가 같으므로 밑변이 길수록 넓이가 더 큰 삼각형입니다.

---

5 $14 \times 2 \div 4 = 7(\text{cm})$

6 $16 \times 12 \div 2 = 96(\text{cm}^2)$

7 높이는 두 밑변 사이의 거리입니다.

8 $(3+4) \times 4 \div 2 = 14(\text{cm}^2)$

---

step 2 기본 유형 익히기 146~149쪽

유형1 ㄱㅁ, ㄴㅂ
5-1 (1) 2 cm (2) 2, 6
5-2 ㉣
5-3 (1) 80 cm² (2) 140 cm²
5-4 ㉮ : 18 cm², ㉯ : 18 cm², ㉰ : 18 cm²
5-5 12
5-6 180 cm²

유형6 12, 6
6-1 (1) 2배 (2) 30 cm² (3) 15 cm²
6-2 ㉰
6-3 ㉢, ㉤, ㉠, ㉡, ㉣
6-4 (1) 48 cm² (2) 70 cm²
6-5 9
6-6 35 cm²

유형7 12, 132
7-1 (1) 162 cm² (2) 2배 (3) 81 cm²
7-2 대각선, 대각선, 12, 114
7-3 (1) 48 cm² (2) 42 cm²
7-4 288 cm²
7-5 60 cm²
7-6 20

유형8 2, 2, 3, 4, 7
8-1 20 cm²
8-2 ③
8-3 (1) 81 cm² (2) 42 cm²
8-4 8
8-5 14 cm
8-6 254 cm²

5-2 ㉠, ㉡, ㉢은 밑변의 길이가 같고 높이도 같지만, ㉣은 높이는 같고 밑변의 길이가 같지 않습니다. 따라서 넓이가 다른 평행사변형은 ㉣입니다.

5-3 (1) $10 \times 8 = 80(\text{cm}^2)$ (2) $14 \times 10 = 140(\text{cm}^2)$

5-4 밑변과 높이가 각각 같은 평행사변형은 모양이 달라도 넓이가 모두 같습니다.
$\Rightarrow$ (넓이)$=3 \times 6 = 18(\text{cm}^2)$

5-5 (평행사변형의 넓이)$=$(밑변)$\times$(높이)
$\Rightarrow$ (높이)$=$(넓이)$\div$(밑변)
$=108 \div 9 = 12(\text{cm})$

5-6 (넓이)$=(15-6)\times20=180(\text{cm}^2)$

유형6 (평행사변형 ㄱㄴㄷㄹ의 넓이)
$=4\times3=12(\text{cm}^2)$
(삼각형 ㄱㄴㄹ의 넓이)$=4\times3\div2=6(\text{cm}^2)$

6-1 (2) $5\times6=30(\text{cm}^2)$
(3) $30\div2=15(\text{cm}^2)$

6-2 ㉮, ㉯, ㉭는 밑변의 길이가 같고 높이가 같은 삼각형이므로 넓이가 같습니다. ㉰는 높이는 같지만 밑변의 길이가 다르므로 넓이가 다릅니다.

6-3 주어진 삼각형의 높이가 모두 같으므로 밑변의 길이가 길수록 삼각형의 넓이가 넓습니다.

6-4 (1) $12\times8\div2=48(\text{cm}^2)$
(2) $10\times14\div2=70(\text{cm}^2)$

6-5 $12\times\square\div2=54$
$\Rightarrow\square=54\times2\div12=9$

6-6 $5\times8\div2+5\times6\div2=35(\text{cm}^2)$

7-3 (1) $(4\times2)\times12\div2=48(\text{cm}^2)$
(2) $(7\times2)\times(3\times2)\div2=42(\text{cm}^2)$

7-4 정사각형의 한 변의 길이는 마름모의 대각선의 길이와 같으므로
(마름모의 넓이)$=24\times24\div2=288(\text{cm}^2)$입니다.

7-5 (마름모 ㄱㄴㄷㄹ의 넓이)
$=$(삼각형 ㄱㄴㅇ의 넓이)$\times4$
$=15\times4=60(\text{cm}^2)$

7-6 $\square\times(5\times2)\div2=100$
$\Rightarrow\square=100\times2\div10=20$

8-1 ▪ 모양은 16개이고, ◪ 모양이 아닌 것을 모으면 ▪ 모양 4개인 것과 같으므로 전체 넓이는 ▪ 모양 20개의 넓이와 같습니다.

8-3 (1) $(10+8)\times9\div2=81(\text{cm}^2)$
(2) $(3+11)\times6\div2=42(\text{cm}^2)$

8-4 $(8+5)\times\square\div2=52$
$\Rightarrow\square=52\times2\div(8+5)=8$

8-5 아랫변의 길이를 □ cm라고 하면
$(11+\square)\times8\div2=100$
$\square=100\times2\div8-11=14(\text{cm})$

8-6 사다리꼴의 넓이에서 삼각형의 넓이를 뺍니다.
$(15+20)\times20\div2-(12\times16\div2)$
$=350-96=254(\text{cm}^2)$

---

step 3 기본 유형 다지기 150~153쪽

1 ㉢

2 (1) 96 cm^2 (2) 315 cm^2

3 12 cm **4** 288 cm^2

5 6 cm **6** ㉡, ㉢, ㉠

7 2개   **8** 12 cm

9 ㉯, ㉰

10 (1) 70 cm^2 (2) 52 cm^2

11 (1) 65 cm^2 (2) 264 cm^2

12 (1) 12 (2) 8

13 ① : 2배, ② : $\frac{1}{3}$배, ③ : 1배, ④ : 2배

14 (1) 6 cm^2 (2) 6 cm^2 (3) 12 cm^2

15 70 cm^2 **16** 247 cm^2

17 18   **18** 8 cm

19 72 cm^2 **20** 128 cm^2

21 (1) 49 cm^2 (2) 45 cm^2

22 16 cm^2 **23** 308 cm^2

24 8 cm **25** 45 cm^2

26 152 cm^2 **27** 70 cm^2

28 6   **29** 가, 다, 라

30 270 cm^2 **31** 96 cm^2

32 8 cm

---

1 ㉠ $12\times8=96(\text{cm}^2)$
㉡ $5\times24=120(\text{cm}^2)$
㉢ $10\times22=220(\text{cm}^2)$
㉣ $9\times17=153(\text{cm}^2)$

2 (1) $8\times12=96(\text{cm}^2)$
(2) $15\times21=315(\text{cm}^2)$

3 (넓이)$=9\times8=72(\text{cm}^2)$
$6\times\square=72\Rightarrow\square=72\div6=12(\text{cm})$

4 직사각형의 넓이에서 평행사변형의 넓이를 뺍니다.
(색칠한 부분의 넓이)$=25\times16-7\times16$
$=400-112=288(\text{cm}^2)$

6 ㉠ : $7\times9=63(\text{cm}^2)$
㉡ : $11\times6=66(\text{cm}^2)$
㉢ : $8\times8=64(\text{cm}^2)$

7 평행사변형 ㄱㄴㅂㅁ, 평행사변형 ㅁㅂㄷㄹ

8 (평행사변형의 넓이)$=15\times16=240(\text{cm}^2)$

평행사변형의 넓이가 $240\,cm^2$이므로 밑변이 $20\,cm$일 때 $20\times\bigcirc=240$입니다.
따라서 $\bigcirc=240\div20=12\,(cm)$입니다.

9 ㉰, ㉱는 밑변이 $4\,cm$, 높이가 $4\,cm$인 삼각형이므로 ㉮와 넓이가 같습니다.

10 (1) $14\times10\div2=70\,(cm^2)$
(2) $13\times8\div2=52\,(cm^2)$

11 두 삼각형의 넓이의 합을 구합니다.
(1) $(10\times6\div2)+(10\times7\div2)$
$=30+35=65\,(cm^2)$
(2) $(11\times22\div2)+(13\times22\div2)$
$=121+143=264\,(cm^2)$

15 (직사각형의 넓이)$=14\times10=140\,(cm^2)$
(마름모의 넓이)$=$(직사각형의 넓이)$\div2$
$=140\div2=70\,(cm^2)$

16 (종이의 넓이)$=19\times26\div2=247\,(cm^2)$

17 $\square\times12\div2=108$, $\square=108\times2\div12=18$

18 (마름모의 넓이)$=(10\times2)\times12\div2$
$=120\,(cm^2)$
따라서 $15\times(\bigcirc\times2)\div2=120$이므로
$\bigcirc=120\times2\div15\div2=8\,(cm)$입니다.

19 마름모의 두 대각선의 길이는 원의 지름과 같습니다.
(마름모의 넓이)$=12\times12\div2=72\,(cm^2)$

20 정사각형의 각 변의 한가운데를 이어 그린 마름모의 넓이는 정사각형 넓이의 반입니다.
따라서 색칠한 부분의 넓이는 마름모의 넓이와 같으므로 $16\times16\div2=128\,(cm^2)$입니다.

21 (1) $(4+10)\times7\div2=49\,(cm^2)$
(2) $(12+6)\times5\div2=45\,(cm^2)$

22 (가의 넓이)$=(6+15)\times12\div2=126\,(cm^2)$
(나의 넓이)$=(9+9+4)\times10\div2$
$=110\,(cm^2)$
➡ 가$-$나$=126-110=16\,(cm^2)$

23 아랫변이 $11\times3=33\,(cm)$이므로
(넓이)$=(11+33)\times14\div2=308\,(cm^2)$입니다.

24 사다리꼴의 높이를 $\square\,cm$라 하면
$(15+26)\times\square\div2=164$
➡ $\square=(164\times2)\div41=8$입니다.

25 $10\times6\div2+10\times3\div2=45\,(cm^2)$

26 $20\times10-6\times10\div2-(20-8)\times3\div2$
$=152\,(cm^2)$

27
사다리꼴 가와 직사각형 나의 넓이를 구하여 더합니다.
(가의 넓이)
$=(8+3)\times4\div2$
$=22\,(cm^2)$
(나의 넓이)$=6\times8=48\,(cm^2)$
$22+48=70\,(cm^2)$

28 $(7+12)\times\square\div2=57$,
$\square=57\times2\div(7+12)=6$

29 (윗변)$+$(아랫변)의 길이는 다음과 같습니다.
가 : $11\,cm$, 나 : $13\,cm$, 다 : $11\,cm$,
라 : $11\,cm$, 마 : $14\,cm$, 바 : $15\,cm$

30 사다리꼴의 윗변과 아랫변의 길이의 합이
$68-(17+15)=36\,(cm)$이므로 사다리꼴의 넓이는 $36\times15\div2=270\,(cm^2)$입니다.

31 (삼각형 ㄱㄹㄷ의 높이)$=36\times2\div9=8\,(cm)$
(사다리꼴 ㄱㄴㄷㄹ의 넓이)
$=(9+15)\times8\div2=96\,(cm^2)$

32 (사다리꼴 ㄱㄴㄷㄹ의 높이)
$=246\times2\div(18+23)=12\,(cm)$
(삼각형 ㄱㄴㄹ의 넓이)
$=18\times12\div2=108\,(cm^2)$
(선분 ㄱㅁ의 길이)$=108\times2\div27=8\,(cm)$

step 4 응용실력기르기 154~157쪽

1 $80\,cm$	**2** $40\,cm$
3 $15\,cm$	**4** $140\,cm^2$
5 $180\,cm$	**6** $7\,cm$
7 $91\,cm^2$	**8** $416\,cm^2$
9 $180\,cm^2$	**10** $16\,cm^2$
11 $58\,cm$	**12** 21개
13 $7\,cm$	**14** $76\,cm$
15 $153\,cm^2$	**16** $168\,cm^2$

1 가의 둘레는 작은 정사각형 한 변의 14배와 같으므로

작은 정사각형의 한 변은 $70 \div 14 = 5$(cm)입니다.
따라서 나의 둘레는 작은 정사각형 한 변의 16배와
같으므로 $5 \times 16 = 80$(cm)입니다.

2 $11 + 6 + 5 + 2 + 3 + 1 + 3 + 9 = 40$(cm)

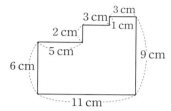

🔑 **별해** $(11 + 9) \times 2 = 40$(cm)

3 (직사각형의 넓이) $= 25 \times 9 = 225$(cm²)
따라서 $15 \times 15 = 225$이므로 정사각형의 한 변은
15 cm로 하면 됩니다.

4 직사각형 ㄱㄴㄷㅂ의 세로는 $56 \div 8 = 7$(cm)이므
로 직사각형 ㄱㄴㄹㅁ의 넓이는
$(8 + 12) \times 7 = 140$(cm²)입니다.

5 (높이가 45 cm일 때 밑변)
$= 1350 \times 2 \div 45 = 60$(cm)
(높이가 36 cm일 때 밑변)
$= 1350 \times 2 \div 36 = 75$(cm)
⇨ $75 + 60 + 45 = 180$(cm)

6 (높이) $= 306 \div 17 = 18$(cm)
(선분 ㄴㅁ의 길이) $= 63 \times 2 \div 18 = 7$(cm)

7 (높이) $= 169 \div 13 = 13$(cm)
(평행사변형 ㄱㄴㄷㅅ의 넓이)
$= (13 - 6) \times 13 = 91$(cm²)

8 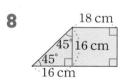 높이가 16 cm이므로 사다리꼴의
넓이는
$(18 + 34) \times 16 \div 2$
$= 416$(cm²)입니다.

9 정사각형의 넓이에서 4개의 직각삼각형의 넓이를 뺍
니다. 정사각형의 각 변을 셋으로 똑같이 나누었으므
로 직각삼각형의 밑변과 높이가 각각 12 cm,
6 cm가 됩니다. 따라서 마름모의 넓이는
$18 \times 18 - (12 \times 6 \div 2) \times 4 = 324 - 144$
$= 180$(cm²)입니다.

10 색칠한 정사각형의 넓이가 2 cm²이므
로 오른쪽 그림에서 색칠한 삼각형의
넓이는 1 cm²입니다. 또 도형 판을 오
른쪽과 같이 나누어 보면 도형 판 전체의 넓이는 색
칠한 삼각형의 16배입니다.

⇨ (도형 판 전체의 넓이) $= 1 \times 16 = 16$(cm²)

11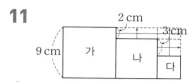

(나의 한 변의 길이) $= 9 - 2 = 7$(cm)
(다의 한 변의 길이) $= 7 - 3 = 4$(cm)
(도형의 둘레) $= \{(9 + 7 + 4) + 9\} \times 2$
$= 58$(cm)

12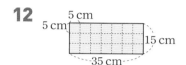

(정사각형 한 변의 길이) $= 20 \div 4 = 5$(cm)
직사각형의 가로에는 정사각형이 $35 \div 5 = 7$(개),
세로에는 $15 \div 5 = 3$(개) 필요하므로 정사각형은
모두 $7 \times 3 = 21$(개) 필요합니다.

13 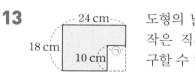 도형의 넓이는 큰 직사각형에서
작은 직사각형의 넓이를 빼어
구할 수 있습니다.

$(24 \times 18) - (㉠ \times 10) = 362$, $㉠ \times 10 = 70$
따라서 ㉠의 길이는 7 cm입니다.

14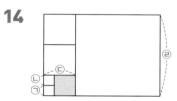

$4 \times 4 = 16$이므로 색칠한 정사각형의 한 변은
4 cm입니다.
$㉠ = ㉡ = 4 \div 2 = 2$(cm), $㉢ = 4 + 2 = 6$(cm),
$㉣ = 4 + 6 + 6 = 16$(cm)이므로 종이 전체의 가로
는 $6 + 16 = 22$(cm), 세로는 16 cm입니다.
따라서 종이 전체의 둘레는
$(22 + 16) \times 2 = 76$(cm)입니다.

15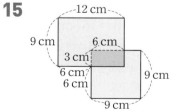

겹쳐진 부분의 넓이는 가로가 6 cm, 세로가 3 cm
인 직사각형이므로 $6 \times 3 = 18$(cm²)입니다.
(겹쳐지지 않은 부분의 넓이)
$=$ (직사각형의 넓이) $+$ (정사각형의 넓이) $-$ (겹
쳐진 부분의 넓이) $\times 2$

$=(12\times9)+(9\times9)-18\times2=153(cm^2)$

16 두 마름모의 넓이에서 겹쳐진 부분의 넓이를 빼면 됩니다. 겹쳐진 부분은 주어진 마름모 한 개의 넓이의 $\frac{1}{4}$과 같습니다.
(넓이)$=16\times12\div2\times2-16\times12\div2\div4$
$=168(cm^2)$

---

step 5 응용실력 높이기 158~161쪽

1 40 cm	**2** 72 cm
3 128 cm²	**4** 324 cm²
5 92 cm²	**6** 108 cm²
7 102 cm²	**8** 224 cm²
9 420 cm²	**10** 14 cm²
11 선분 ㄱㄹ의 길이 : 40 cm,	
선분 ㄴㄷ의 길이 : 24 cm	
12 216 cm²	**13** 15 cm
14 162 cm²	**15** 20 cm
16 64 cm²	

1 도형 전체의 넓이는 색칠한 부분의 넓이의 2배이므로 $150\times2=300(cm^2)$입니다.
(정사각형 한 개의 넓이)$=300\div3=100(cm^2)$
이고, $10\times10=100$이므로 정사각형 한 변의 길이는 10 cm입니다.
따라서 정사각형 한 개의 둘레는 $10\times4=40(cm)$입니다.

2 정사각형 ㅂㄷㄹㅁ의 넓이는 $8\times8=64(cm^2)$이므로 직사각형 ㄱㄴㄷㅅ의 넓이는
$256-64=192(cm^2)$입니다.
(변 ㄱㅅ)=(변 ㄴㄷ)$=24-8=16(cm)$,
(변 ㄱㄴ)=(변 ㅅㄷ)$=192\div16=12(cm)$이
므로 (도형의 둘레)$=(24+12)\times2=72(cm)$
입니다.

3 각 변의 가운데 점을 이어 만든 정사각형의 넓이는 바로 전의 정사각형 넓이의 반입니다.
따라서 색칠한 정사각형의 넓이는
$(32\times32)\div2\div2\div2=128(cm^2)$입니다.

4 가장 작은 직사각형의 가로는 세로의 6배이므로 둘

레는 세로의 14배와 같습니다. 따라서 가장 작은 직사각형의 세로는 $42\div14=3(cm)$, 가로는 $3\times6=18(cm)$입니다. 따라서 정사각형의 한 변의 길이는 가장 작은 직사각형의 가로와 같은 18 cm이므로 처음 정사각형의 넓이는 $18\times18=324(cm^2)$입니다.

5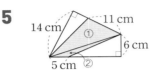

(색칠한 부분의 넓이)$=11\times14\div2+5\times6\div2$
$=77+15=92(cm^2)$

6 사다리꼴 ㄱㄴㅂㅁ과 사다리꼴 ㅁㅅㄷㄹ의 넓이는 같습니다.
각 ㄱㅁㄹ이 45°이므로 삼각형 ㄱㅁㄹ은 이등변삼각형이고 (선분 ㄱㄹ)=(선분 ㄱㅁ)=6 cm입니다.
따라서 사다리꼴 ㅁㅅㄷㄹ의 넓이는
$(12+6)\times6\div2=54(cm^2)$이므로
색칠한 부분의 넓이는 $54\times2=108(cm^2)$입니다.

7 (선분 ㄱㄴ의 길이)$=476\times2\div28=34(cm)$
(선분 ㄹㄷ의 길이)$=34-28=6(cm)$
(삼각형 ㄹㄴㄷ의 넓이)
$=6\times34\div2=102(cm^2)$

8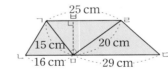

3개의 삼각형의 넓이의 합을 구합니다.
(①+②+③의 넓이)
$=(20\times6\div2)+(20\times10\div2)$
$+(16\times8\div2)$
$=60+100+64=224(cm^2)$

9

삼각형 ㄱㅁㄹ에서 선분 ㅂㅁ의 길이를 □라고 하면
$15\times20\div2=25\times□\div2$, □$=12(cm)$입니다.
(사다리꼴 ㄱㄴㄷㄹ의 넓이)
$=(25+16+29)\times12\div2=420(cm^2)$

10 선분 ㄱㄴ과 선분 ㄹㅁ이 평행하므로 선분 ㄴㄹ의 보조선을 그으면 삼각형 ㄱㅁㄹ의 넓이는 삼각형 ㄴㅁㄹ의 넓이와 같습니다.
따라서 색칠한 부분의 넓이는 삼각형 ㄹㄴㄷ의 넓이와 같습니다. $7\times4\div2=14(cm^2)$

11 (정사각형 ㄹㄷㅁㅂ의 넓이)
$=(16\times2)\times(16\times2)\div2=512(cm^2)$
사다리꼴 ㄱㄴㄷㄹ에서 선분 ㄱㄹ의 길이와 선분 ㄴ

ㄷ의 길이의 합을 ☐라고 하면,
☐×16÷2=512, ☐=512×2÷16=64(cm)
입니다.
(선분 ㄴㄷ)=(64−16)÷2=24(cm),
(선분 ㄱㄹ)=24+16=40(cm)

12 직사각형 ㉮, ㉯, ㉰, ㉱의 가로와 세로의 합은 각각 둘레의 반인 15 cm, 17 cm, 15 cm, 13 cm이므로 큰 직사각형의 둘레는
15+17+15+13=60(cm)입니다.
큰 직사각형의 가로와 세로의 합은
60÷2=30(cm)이고 가로가 18 cm이므로 세로는
30−18=12(cm)입니다. 따라서 큰 직사각형의
넓이는 18×12=216(cm²)입니다.

13 나누어진 두 도형의 높이가 같으므로
(선분 ㄴㅁ)=(선분 ㄱㄹ)+(선분 ㅁㄷ)입니다.
선분 ㄴㅁ의 길이를 ☐cm라 하면
☐=(18−☐)+12이므로 ☐=15입니다.
🔑**별해** (선분 ㄴㅁ)=(12+18)÷2=15(cm)

14 삼각형 ㄱㄹㅁ과 삼각형 ㄹㅂㄷ의 밑변의 길이와 넓이가 각각 같으므로
두 삼각형의 높이는 12÷2=6(cm)로 같습니다.
(도형의 전체 넓이)
=(삼각형 ㄱㄴㄷ의 넓이)+(삼각형 ㄱㄹㅁ의 넓이)
=20×12÷2+14×6÷2=162(cm²)

15 (삼각형 ㄱㅅㄹ의 넓이)=8×15÷2=60(cm²)
삼각형 ㄱㄴㅁ과 삼각형 ㄱㅅㄹ의 넓이가 같으므로
삼각형 ㄱㄴㅁ에서
(15−9)×(변 ㄱㄴ)÷2=60
⇨ (변 ㄱㄴ의 길이)=60×2÷(15−9)
=20(cm)입니다.

16 삼각형 ㄱㄴㄹ의 넓이는 삼각형 ㄱㄹㄷ의 넓이의 2배입니다.
(삼각형 ㄱㄴㄹ의 넓이)=48×2=96(cm²), 삼각형 ㄱㅁㄹ의 넓이는 삼각형 ㅁㄴㄹ의 넓이의 2배이므로
(삼각형 ㄱㅁㄹ의 넓이)=96÷3×2=64(cm²)입니다.

단원평가 🦇 162~164쪽

1 (1) 28 cm (2) 42 cm **2** 8 cm

3 1008 cm² **4** 120 cm²
5 84 cm **6** 100 cm²
7 (1) 80000 (2) 5.7 (3) 6000000 (4) 4.5
8 5 **9** 122 cm²
10 4 cm **11** 10
12 578 cm² **13** 170 cm²
14 396 cm² **15** 220 cm²
16 54 cm² **17** 190 cm²

18 도형의 둘레는 정사각형 한 변의 10배이므로
(정사각형 한 변의 길이)=60÷10=6(cm),
(정사각형 한 개의 넓이)=6×6=36(cm²)입니다. 따라서 (도형 전체의 넓이)
=36×4=144(cm²)입니다.

19 (사다리꼴의 넓이)=(14+20)×(높이)÷2
=170에서 (높이)=170×2÷34=10(cm)
입니다. ㉠을 밑변으로 하고 높이가 7 cm인 삼각형은 밑변이 14 cm, 높이가 10 cm인 삼각형과 넓이가 같으므로 ㉠×7÷2=14×10÷2에서
㉠=20(cm)입니다.

20 (㉮의 높이)=54×2÷9=12(cm)
삼각형 ㉯와 사다리꼴 전체의 높이도 12 cm로 같습니다.
㉯의 넓이가 54÷9×16=96(cm²)이므로
(변 ㄴㄷ)×12÷2=96에서
(변 ㄴㄷ)=96×2÷12=16(cm)입니다.

1 (1) (9+5)×2=28(cm)
(2) 7×6=42(cm)

2 (정사각형의 넓이)=(한 변)×(한 변)입니다.
따라서 8×8=64이므로 정사각형의 한 변의 길이는 8 cm입니다.

3 40×18+18×(34−18)=720+288
=1008(cm²)

4 직사각형 ㄱㄴㄷㄹ은 색칠한 부분의 8배이므로
15×8=120(cm²)입니다.

5 정사각형 5개를 이으면
오른쪽 모양이 됩니다.

35 cm
7 cm

따라서 (가로)=7×5=35(cm),
(세로)=7 cm이므로 직사각형의 둘레는
(35+7)×2=84(cm)입니다.

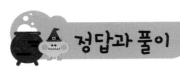

6 (정사각형 한 변의 길이)$=40\div4=10(\text{cm})$
(정사각형의 넓이)$=10\times10=100(\text{cm}^2)$

8 (평행사변형의 넓이)$=9\times\square=45$
$\Rightarrow\square=45\div9=5(\text{cm})$

9 ㉮의 넓이 : $7\times10=70(\text{cm}^2)$
㉯의 넓이 : $8\times13\div2=52(\text{cm}^2)$
$\Rightarrow70+52=122(\text{cm}^2)$

10 (삼각형의 넓이)$=8\times15\div2=60(\text{cm}^2)$
평행사변형의 넓이가 $60\,\text{cm}^2$이므로
㉠$\times15=60$에서 ㉠$=60\div15=4(\text{cm})$입니다.

11 (사다리꼴의 넓이)$=(13+16)\times\square\div2=145$
$\Rightarrow\square=145\times2\div(13+16)=10$

12 대각선의 길이가 각각 $34\,\text{cm}$, $34\,\text{cm}$입니다.
(넓이)$=34\times34\div2=578(\text{cm}^2)$

13 직사각형 ㅁㅂㅅㅇ이 없다고 생각하면 색칠한 부분은 밑변이 $(19-2)\,\text{cm}$, 높이가 $10\,\text{cm}$인 평행사변형과 같습니다.
따라서 (넓이)$=(19-2)\times10=170(\text{cm}^2)$입니다.

14 삼각형과 평행사변형으로 나누어 생각합니다.
(넓이)$=22\times16\div2+22\times10=396(\text{cm}^2)$

15

$(25-3)\times(15-5)=22\times10=220(\text{cm}^2)$

16 삼각형 ①과 삼각형 ②로 나누어 생각합니다.
(색칠한 부분의 넓이)
$=6\times6\div2+6\times12\div2$
$=18+36=54(\text{cm}^2)$

17

사다리꼴의 높이는 $10\,\text{cm}$입니다.
(넓이)$=(14+24)\times10\div2=190(\text{cm}^2)$

동영상 강의 QR코드

1. 자연수의 혼합 계산

1) 기본 유형 다지기

31	38	39	41	46

2) 응용 실력 기르기

1	2	3	4	5	6

7	8	9	10	11	12

13	14	15	16

3) 응용 실력 높이기

01	02	03	04	05	06

07	08	09	10	11	12

13	14

동영상 강의 QR코드

2. 약수와 배수

1) 기본 유형 다지기

17	31	32	44	46	48

2) 응용 실력 기르기

1	2	3	4	5	6

7	8	9	10	11	12

13	14	15	16

3) 응용 실력 높이기

01	02	03	04	05	06

07	08	09	10	11	12

13	14	15	16

동영상 강의 QR코드

3. 규칙과 대응

1) 기본 유형 다지기

26	27	28	29	36	39

40

2) 응용 실력 기르기

1	2	3	4	5	6

7	8	9	10	11	12

13	14	15	16

3) 응용 실력 높이기

01	02	03	04	05	06

07	08	09	10	11	12

13	14	15	16

동영상 강의 QR코드

4. 약분과 통분

1) 기본 유형 다지기

| 41 | 42 | 44 | 45 | 46 | 47 |

2) 응용 실력 기르기

| 1 | 2 | 3 | 4 | 5 | 6 |

| 7 | 8 | 9 | 10 | 11 | 12 |

| 13 | 14 | 15 | 16 |

3) 응용 실력 높이기

| 01 | 02 | 03 | 04 | 05 | 06 |

| 07 | 08 | 09 | 10 | 11 | 12 |

| 13 | 14 | 15 | 16 |

동영상 강의 QR코드

5. 분수의 덧셈과 뺄셈

1) 기본 유형 다지기

34	35	36	39	40	42

2) 응용 실력 기르기

1	2	3	4	5	6

7	8	9	10	11	12

13	14	15	16

3) 응용 실력 높이기

01	02	03	04	05	06

07	08	09	10	11	12

13	14	15	16

동영상 강의 QR코드

6. 다각형의 둘레와 넓이

1) 기본 유형 다지기

24
142쪽

26
143쪽

32
143쪽

11
151쪽

19
152쪽

26
153쪽

31
153쪽

32
153쪽

2) 응용 실력 기르기

1

2

3

4

5

6

7

8

9

10

11

12

13

14

15

16

3) 응용 실력 높이기

01

02

03

04

05

06

07

08

09

10

11

12

13

14

15

16

정답과
풀이

5·1

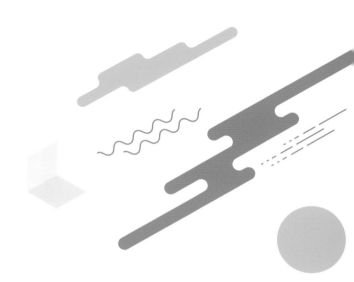

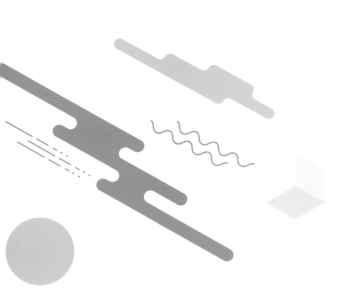